WERKSTATTBÜCHER

FÜR BETRIEBSANGESTELLTE, KONSTRUKTEURE UND FACH-ARBEITER. HERAUSGEGEBEN VON DR.-ING. H. HAAKE, HAMBURG

Jedes Heft 50—70 Seiten stark, mit zahlreichen Abbildungen

Die Werkstattbücher behandeln das Gesamtgebiet der Werkstatts-technik in kurzen selbständigen Einzeldarstellungen: anerkannte Fachleute und tüchtige Praktiker bieten hier das Beste aus ihrem Arbeitsfeld, um ihre Fach-genossen schnell und gründlich in die Betriebspraxis einzuführen.

Die Werkstattbücher stehen wissenschaftlich und betriebstechnisch auf der Höhe, sind dabei aber im besten Sinne gemeinverständlich, so daß alle im Betrieb und auch im Büro Tätigen, vom vorwärtsstrebenden Facharbeiter bis zum leitenden Ingenieur, Nutzen aus ihnen ziehen können.

Indem die Sammlung so den Einzelnen zu fördern sucht, wird sie dem Betrieb als Ganzem nutzen und damit auch der deutschen technischen Arbeit im Wett-bewerb der Völker.

Einteilung der bisher erschienenen Hefte nach Fachgebieten

I. Werkstoffe, Hilfsstoffe, Hilfsverfahren

Heft

	Heft
Der Grauguß. 3. Aufl. Von Chr. Gilles	19
Einwandfreier Formguß. 3. Aufl. Von E. Kothny	30
Stahl- und Temperguß. 3. Aufl. Von E. Kothny	24
Die Baustähle für den Maschinen- und Fahrzeugbau. Von K. Krekeler	75
Die Werkzeugstähle. Von H. Herbers	50
Nichteisenmetalle I — Kupfer, Messing, Bronze, Rotguß —. 2. Aufl. Von R. Hinzmann	45
Nichteisenmetalle II — Leichtmetalle —. 2. Aufl. Von R. Hinzmann	53
Härten und Vergüten des Stahles. 6. Aufl. Von H. Herbers	7
Induktionshärten. Von E. Höhne	116
Die Praxis der Warmbehandlung des Stahles. 6. Aufl. Von P. Klostermann	8
Elektrowärme in der Eisen- und Metallindustrie. 2. Aufl. Von O. Wundram	69
Die Gaswärme im Werkstättenbetrieb. Von F. Schuster	115
Brennhärten. 2. Aufl. Von H. W. Grönegreß	89
Hitzehärtbare Kunststoffe — Duroplaste —. Von A. Nielsen †	109
Nichthärtbare Kunststoffe — Thermoplaste —. Von H. Determann	110
Die Brennstoffe. 2. Aufl. Von E. Kothny	32
Öl im Betrieb. 3. Aufl. Von K. Krekeler u. P. Beuerlein	48
Farbspritzen. 2. Aufl. Von R. Klose	49
Anstrichstoffe und Anstrichverfahren. Von R. Klose	103
Rezepte für die Werkstatt. 6. Aufl. Von W. Barthels	9
Furniere—Sperrholz—Schichtholz I. 2. Aufl. Von J. Bittner	76
Furniere—Sperrholz—Schichtholz II. 2. Aufl. Von L. Klotz	77

II. Spangebende Formung

	Heft
Die Zerspanbarkeit der Werkstoffe. 3. Aufl. Von K. Krekeler	61
Hartmetalle in der Werkstatt. 2. Aufl. Von A. Rottler. (Im Druck)	62
Gewindeschneiden. 5. Aufl. Von O. M. Müller	1
Bohren. 4. Aufl. Von J. Dinnebier	15
Senken und Reiben. 4. Aufl. Von J. Dinnebier	16

(Fortsetzung 3. Umschlagseite)

WERKSTATTBÜCHER

FÜR BETRIEBSANGESTELLTE, KONSTRUKTEURE UND FACH-
ARBEITER.   HERAUSGEBER DR.-ING. H. HAAKE, HAMBURG
===== HEFT 115 =====

Die Gaswärme
im Werkstättenbetrieb

Von

Prof. Dr. Ing. Fritz Schuster

Essen

Mit 93 Abbildungen

Springer-Verlag
Berlin/Göttingen/Heidelberg
1954

ISBN-13: 978-3-540-01864-3   e-ISBN-13: 978-3-642-86266-3
DOI: 10.1007/978-3-642-86266-3

Inhaltsverzeichnis.

Seite

Einleitung 3

I. Theoretische Grundlagen der Gaswärmeerzeugung 3

   A. Allgemeines 3

   B. Einheiten 4

      1. Temperatur S. 4 — 2. Druck S. 4. — 3. Gasmenge S. 5. — 4. Wärme S. 7. — 5. Heizwert S. 7. — 6. Gasdichte S. 7. — 7. Feuchtigkeitsgehalt und Taupunkt S. 8.

   C. Die technischen Brenngase 8

      1. Grundgase S. 8. — 2. Gasverunreinigungen S. 9. — 3. Technische Brenngasarten S. 10. — 4. Eigenschaften der technischen Brenngase S. 11. — 5. Erzeugung technischer Brenngase S. 13. — 6. Richtlinien für die Gasbeschaffenheit S. 13.

   D. Verbrennung 14

      1. Die Luft S. 14. — 2. Verbrennungsgleichungen S. 14. — 3. Verbrennungskennwerte S. 15. — 4. Arten der Verbrennung S. 16. — 5. Wärmeinhalt S. 17. — 6. Wirkungsgrade S. 18. — 7. Wärmerückgewinn und Vorwärmung S. 20. — 8. Verbrennungstemperatur S. 21.

   E. Wärmeübertragung 22

      1. Grundlagen der Wärmeübertragung S. 22. — 2. Wärmeaustauscher S. 23.

II. Die Ofenbaustoffe 24

   A. Arten der Ofenbaustoffe 24

   B. Eigenschaften 25

      1. Einflüsse auf das Ofenmaterial S. 25. — 2. Arten und Zusammensetzung der feuerfesten Materialien S. 25. — 3. Wärmedämmstoffe im besonderen S. 26. — 4. Wärmetechnische Eigenschaften der nichtmetallischen Ofenbaustoffe S. 27. — 5. Metallische Baustoffe S. 27.

   C. Praxis der Verwendung feuerfester Stoffe 27

III. Wärmebehandlungsverfahren und Einrichtungen zu ihrer Durchführung 30

   A. Zustandsformen des Eisens bei verschiedenen Temperaturen 30

      1. Reines Eisen S. 30. — 2. Industrielles Eisen S. 30.

   B. Erläuterung einiger Fachausdrücke 31

   C. Gasbrenner 34

      1. Einteilung S. 34. — 2. Leuchtflammenbrenner S. 35. — 3. Bunsenbrenner S. 36. — 4. Großbrenner S. 38. — 5. Brennerzubehör S. 42.

   D. Industrieöfen für Werkstättenbetriebe 43

      1. Einteilungsmerkmale S. 44. — 2. Einzelbauarten S. 46.

   E. Rekuperatoren 55

      1. Wärmeaustauschrohre S. 56. — 2. Kleinrekuperatoren S. 56. — 3. Brennstoffersparnis S. 57.

   F. Schutzgaserzeugung 59

   G. Meß-, Regel- und Sicherheitseinrichtungen 60

      1. Meßeinrichtungen S. 61. — 2. Regeleinrichtungen S. 63. — 3. Sicherheitseinrichtungen S. 66. — 4. Gasanalytische Untersuchungen S. 68.

   H. Ofenbetrieb 69

      1. Ofenbauart, Größe und Zustand S. 69. — 2. In- und Außerbetriebnahme S. 69. — 3. Betriebsdichtheit des Ofens S. 70. — 4. Ofendruck und Ausflammverluste S. 70. — 5. Abgasschieber S. 71. — 6. Einstellung der Verbrennung S. 71. — 7. Abgaswärme S. 72. — 8. Überwachung und Regelung der Ofentemperatur S. 72. — 9. Überwachung des Gasverbrauchs S. 72. — 10. Meßgerätebetrieb S. 72. — 11. Ofenkarte S. 72. — 12. Zusammenfassung S. 72.

IV. Sonstige Gasanwendungsmöglichkeiten 73

   A. Großraumbeheizung 73

      1. Gaslufterhitzer S. 73. — 2. Strahlungsheizgeräte S. 74. — 3. Warmwasserheizung S. 75.

   B. Warmwasserbereitung 75

   C. Dampferzeugung 75

V. Schrifttumverzeichnis 76

VI. Abkürzungen 77

Einleitung.

Obwohl natürlich vorkommende Brenngase (Natur- oder Erdgase) schon im Altertum bekannt und als göttlich verehrt wurden (heilige Feuer), obwohl sie schon früh an manchen Orten für die Wärmegewinnung durch Verbrennung herangezogen wurden, hat ihre bewußte Ausnutzung für technische Zwecke in großem Ausmaß eigentlich erst um 1800 begonnen und seither ständig zugenommen.

Man kann in dieser Aufstiegszeit zwei parallel laufende Arten des Gaseinsatzes erkennen, die in ihrer Eigenart durch die natürlichen Gegebenheiten bedingt waren. In Amerika war es vor allem das von der Natur reichlich geschenkte *Erdgas*; in Europa mit den Steinkohlen als seinem großen Brennstoffschatz das *Leuchtgas*. Beide Arten haben sich sicherlich gegenseitig in der Entwicklung vorwärtsgetrieben und auch andere Brenngasarten maßgeblich gefördert. Heute kennen wir *viele Arten von technischen Brenngasen*. Die gasförmigen Brennstoffe, deren Anteil am gesamten Brennstoffverbrauch absolut und prozentual ständig zunimmt, bilden einen der wichtigsten Pfeiler der modernen Energiewirtschaft. Die USA verbrauchten im Jahre 1952 bereits über 400 Milliarden m³ Erdgas, Europa energiemäßig noch nicht einmal den 10. Teil davon in Form unserer Brenngase. Wie R. Drawe jedoch gesagt hat, leben wir erst am Beginn des Gaszeitalters.

I. Theoretische Grundlagen der Gaswärmeerzeugung.

A. Allgemeines.

Die Verwendung von Brenngasen auf allen Gebieten der Wärmeanwendung, also auch in gewerblichen und industriellen Betrieben, wie Werkstätten, macht sich zwei Eigenarten dieser Wärmemittel dienstbar: nämlich die Tatsache, daß die Brenngase — im Gegensatz zur Elektrizität — zu den Brenn*stoffen* gehören und daß sie sich in dieser Gruppe durch den *gasförmigen* Zustand auszeichnen.

Die gewinnbare Wärme ist in allen Brennstoffen, die man deswegen auch gerne als Wärmeträger bezeichnet, an *Masse* chemisch gebunden und wird erst nutzbar frei durch den Vorgang der *Verbrennung*, einer Vereinigung von Brennstoffbestandteilen mit Sauerstoff bei hohen Temperaturen. Der Sauerstoff wird meist in Form von gewöhnlicher Luft angewandt. Für bestimmte Zwecke benutzt man sauerstoffangereicherte Luft bis zu technisch reinem Sauerstoff. Durch die Verbrennung entstehen Produkte, die ebenfalls gasförmig sind. Sie werden allgemein als *Verbrennungsgase* oder nach ihrem Austritt aus den Feuerungen oder Öfen als *Rauchgase* oder *Abgase* bezeichnet.

Die *Massen* des Brennstoffs und der Verbrennungsluft müssen in die Feuerung gebracht, durch sie befördert und aus ihr nach erfolgter Verbrennung abgeleitet werden. Durch den chemischen Vorgang der Verbrennung entstehen zwar aus Brennstoff und Luft in den Verbrennungsprodukten andere chemische Substanzen. Die Massenmenge verändert sich jedoch nach einem irdischen Grundgesetz nicht. Leitet man zum Beispiel einer Feuerung in einer bestimmten Zeit 6 kg Brennstoff und 62 kg Luft zu, so sind nach erfolgter Verbrennung 6 + 62 = 68 kg Verbrennungsprodukte vorhanden.

Der gasförmige Zustand eines Brennstoffs bringt den großen Vorteil, daß man einen *strömungsbefähigten* Brennstoff zur Verfügung hat, das heißt: einen Brennstoff, der sich unter dem Einfluß von *Druck*- oder *Temperaturunterschieden* bewegt; Gase strömen oder fließen, auch wenn sie bei Farblosigkeit unsichtbar sind. Diese Eigenart erleichtert es uns wesentlich, Brenngase an die Feuerung heranzubringen und sie durch sie zu befördern. Abgase müssen bei allen brennstoffbeheizten Feuerungen abgeleitet werden. Daß aber das ankommende und das abziehende Medium den gleichen und noch dazu einen so günstigen Aggregatzustand besitzen, darf als besonderer Vorzug gelten.

Es liegt ferner in der Natur aller Gase, daß sie sich untereinander in jedem Mengenverhältnis zu einem neuen, äußerlich in nichts mehr die Komponenten verratenden Gas vollkommen vermischen lassen. Nachträgliche selbsttätige Entmischung ist nicht möglich. Infolge dieser *vollkommenen Mischbarkeit* kann man bei Brenn*gasen* — als den einzigen Brennstoffen — auch mit der Verbrennungs-*luft* eine vollkommene Mischung erreichen, die eine wesentliche Voraussetzung für den guten Ablauf der Verbrennung ist.

B. Einheiten.

Die einleitenden Ausführungen lassen bereits erkennen, daß man bei der Anwendung der Gaswärme mit vier Grundbegriffen zu tun hat, für die man Einheiten braucht, um die Größe feststellen oder angeben zu können. Diese vier Grundbegriffe sind: die Temperatur, der Druck, die Menge von Gasen (Brenngasen, Luft, Verbrennungsgasen) und die Wärmemenge.

1. Temperatur. Die Temperatur wird bei uns in CELSIUS-Gradeinheiten gemessen, die sich daraus ergeben, daß der normale Gefrierpunkt von reinem Wasser gleich 0 und der normale Siedepunkt gleich 100 gesetzt wird. Eine von diesem Nullpunkt gezählte Temperatur heißt *Celsiustemperatur* ($t°$ C oder nur $t°$). Setzt man die Teilung unter den gewöhnlichen Nullpunkt fort, so gelangt man bei rd. —273° zu einem physikalisch begründeten tiefsten Wert, der mit keinem Mittel unterschritten werden kann. Dieser Grenzwert heißt *absoluter Nullpunkt* und die von ihm in Celsiuseinheiten gezählte Temperatur *absolute Temperatur* ($T°$abs. oder $T°$K nach KELVIN). Es gilt

exakt
$$T = t + 273{,}16 \tag{1}$$

technisch ausreichend genau
$$T = t + 273 \tag{2}$$

In den englisch sprechenden Ländern findet sich noch immer sehr verbreitet die FAHRENHEIT-Einteilung (°F). Der normale Gefrierpunkt des Wassers liegt bei + 32° F, der normale Siedepunkt bei +212° F. Daraus ergeben sich zur Celsiustemperatur in °C und zur absoluten Temperatur in °K folgende Beziehungen:

	gegeben	gesucht		
	t °C	°F	$F = \dfrac{9}{5}\, t + 32$	(3)
	T °K	°F	$F = \dfrac{9}{5}\,(T - 255{,}38)$	(4)
	t °F	°C	$C = \dfrac{5}{9}\,(t - 32)$	(5)
	t °F	°K	$K = \dfrac{5}{9}\,(t + 459{,}69)$	(6)

2. Druck. Für die Gastechnik sind jene Drücke vor allem von Interesse, die über oder unter dem Druck der Umgebung (Atmosphäre) liegen. Sie heißen

Überdruck und *Unterdruck*. Zählt man den Umgebungsdruck hinzu, so ergibt sich der *absolute Druck*, der für das Unterdruckgebiet *Vakuum* heißt.

Als Druckeinheiten werden für große Drücke die *technische Atmosphäre* (at) oder die *physikalische Atmosphäre* (Atm), für mittlere Drücke *mm Quecksilbersäule* (mm QS = Torr) und für kleine Drücke *mm Wassersäule* (mm WS) benutzt. Zwischen diesen Einheiten bestehen die in Tabelle 1 zusammengestellten Beziehungen.

Tabelle 1. *Umrechnung von Druckeinheiten ineinander.*

	at (kg/cm²)	Atm	Torr (mm QS)	mm WS
1 at = (1 kg/cm²)	1	0,968	735,6	10000
1 Atm =	1,033	1	760	10332
1 Torr = (1 mm QS)	0,00136	0,001316	1	13,6
1 mm WS =	0,0001	0,0000968	0,0736	1

Da man unter Niederdruck befindliche Gase mit ihren geringen Überdrücken in mm WS mißt, für die nachfolgend noch behandelte Umrechnung von Gasmengen auf Normalzustand jedoch den absoluten Druck in Torr braucht, steht man häufig vor der Aufgabe, mm WS in Torr umrechnen zu müssen. Tabelle 2 gestattet, die Torr-Werte unmittelbar zu entnehmen.

Tabelle 2. *Umrechnung von mm Wassersäule in Torr (mm QS).*

mm WS	Torr	mm WS	Torr	mm WS	Torr	mm WS	Torr
1000	73,55	100	7,36	10	0,74	1	0,07
2000	147,11	200	14,71	20	1,47	2	0,15
3000	220,66	300	22,07	30	2,21	3	0,22
4000	294,22	400	29,42	40	2,94	4	0,29
5000	367,77	500	36,78	50	3,68	5	0,37
6000	441,32	600	44,13	60	4,41	6	0,44
7000	514,88	700	51,49	70	5,15	7	0,51
8000	588,43	800	58,84	80	5,88	8	0,59
9000	661,97	900	66,20	90	6,62	9	0,66
10000	735,54	1000	73,55	100	7,36	10	0,74

3. Gasmenge. Im Gegensatz zu festen oder flüssigen Stoffen, die technisch in Kilogramm (kg) oder Tonnen (t) gemessen werden, geht die Mengenmessung von Gasen auf den von ihnen eingenommenen *Raum*, das *Volumen*, zurück. Gasvolumen hängen jedoch stark von dem auf ihnen lastenden Druck und von ihrer Temperatur ab. Steigt die Temperatur, dann dehnt sich das Volumen einer gegebenen Gasmenge aus. Fällt die Temperatur, dann verkleinert sich das Volumen. Steigt der auf einem Gas lastende Druck, dann nimmt das Volumen ab. Fällt der Druck, nimmt das Volumen zu.

Das Volumen von Gasen hängt vom Druck (absoluten Druck) und von der Temperatur gesetzmäßig ab. In den üblichen Betriebsbereichen von Druck und Temperatur können die technischen Gase mit ausreichender Genauigkeit als „ideal" betrachtet werden. Für *ideale Gase* ist das durch die absolute Temperatur geteilte Produkt aus dem Volumen einer gegebenen Gasmenge und dem absoluten Druck konstant:

$$\frac{p \cdot v}{T} = \text{konstant.} \tag{7}$$

Es wäre zu umständlich, wenn man bei jeder Gasmengenangabe zum gemessenen Volumen den zugehörigen Druck und die Temperatur angäbe. Es käme sogar noch der Feuchtigkeitsgehalt hinzu, der verschieden ist. In der Regel interessiert nur der trockene Gasanteil. Aus diesem Grund hat man sich für Gasmengenangaben auf einen *Normzustand* geeinigt. Von den verschiedenen Vorschlägen werden heute allgemein als Normbedingungen angenommen:

ein Druck von 760 Torr,
eine Temperatur von $0° C$,
absolute Trockenheit.

Die Gasmenge, die unter diesen Bedingungen einen Raum von $1 m^3$ einnimmt, heißt ein *Normkubikmeter* (Nm^3). Normkubikmeter ist also keine Volumen-, sondern eine Massenangabe.

Aus der Grundbeziehung der Gl. (7) läßt sich folgende Umrechnungsformel für die sogenannte *Reduktion von Gasvolumen auf Normzustand* ableiten:

$$v_0 = v \cdot \frac{273}{273 + t} \cdot \underbrace{\frac{B + p - w_s}{760}}_{= f} \tag{8}$$

v_0 auf Normzustand reduzierte Gasmenge in Nm^3

v bei $t° C$ unter einem Überdruck von p Torr über dem atmosphärischen Druck B Torr im feuchtigkeitsgesättigten Zustand gemessene Gasmenge in m^3

w_s Sättigungsdruck des Wasserdampfes bei $t° C$ in Torr

Die Reduktionsfaktoren f können entsprechenden Tabellen oder Kurventafeln entnommen werden. Zur Auswertung der obigen Gl. (8) bringt Tabelle 3 die Sättigungsdrücke von Wasserdampf für ein betrieblich wohl ausreichendes Temperaturgebiet.

Tabelle 3. *Sättigungsdrücke von Wasserdampf.*

$t° C$	Torr	$t° C$	Torr	$t° C$	Torr	$t° C$	Torr
0	4,58	10	9,21	20	17,54	30	31,82
1	4,93	11	9,84	21	18,65	31	33,70
2	5,29	12	10,52	22	19,83	32	35,66
3	5,69	13	11,23	23	21,07	33	37,73
4	6,10	14	11,99	24	22,38	34	39,90
5	6,54	15	12,79	25	23,76	35	42,18
6	7,01	16	13,63	26	25,21	36	44,56
7	7,51	17	14,53	27	26,74	37	47,07
8	8,05	18	15,48	28	28,35	38	49,69
9	8,61	19	16,48	29	30,04	39	52,44

Um ein Bild über die Größe der Reduktionsfaktoren zu geben, habe ich in Tabelle 4 für einige Zustandsbedingungen die Werte zusammengestellt.

Tabelle 4. *Reduktionsfaktoren f zur Umrechnung feucht gemessener Gase auf Normzustand.*

$t° C$	Absoluter Druck des Gases in Torr					
	700	720	740	760	780	800
0	0,915	0,941	0,968	0,994	1,020	1,047
5	0,896	0,922	0,948	0,974	1,000	1,026
10	0,877	0,902	0,928	0,953	0,978	1,004
15	0,857	0,882	0,907	0,932	0,957	0,982
20	0,837	0,861	0,886	0,910	0,935	0,959
25	0,816	0,840	0,864	0,888	0,912	0,936
30	0,792	0,816	0,840	0,863	0,887	0,911

4. Wärme. Die Wärme wird in der Regel in *Kilokalorien* (kcal) gemessen. Man versteht darunter bei uns jene Wärmemenge, die 1 kg Wasser von 14,5 auf 15,5° C erwärmt. Zwischen dieser Einheit und anderen Energieeinheiten bestehen folgende Beziehungen:

$$1 \text{ kcal} = 427 \text{ Meterkilogramm (mkg)}$$
$$1 \text{ Kilowattstunde (kWh)} = 860 \text{ kcal} = 3\,600\,000 \text{ Wattsekunden}$$
$$1 \text{ Joule (J)} = 1 \text{ Wattsekunde}$$
$$1 \text{ Pferdestärkenstunde (PSh)} = 75 \cdot 3600 \text{ mkg} = 270\,000 \text{ mkg}$$

5. Heizwert. Bei Brennstoffen muß man die aus ihrer Massenmenge gewinnbare Wärmemenge wissen. Auf die Masseneinheit bezogen, heißt sie *Heizwert*. Darunter versteht man jene Wärmemenge, die bei vollständiger Verbrennung der Masseneinheit eines Brennstoffs frei wird, wenn man die Verbrennungsprodukte wieder auf die Anfangstemperatur abkühlt. In der Regel werden Heizwerte auf 20° C als Anfangs- und Endtemperatur bezogen. Dabei ergibt sich insofern eine Möglichkeit doppelter Auslegung, als man sich die Feuchtigkeit der Verbrennungsprodukte, das *Verbrennungswasser*, am Ende *flüssig oder gasförmig* vorstellen kann. Da der Übergang von Wasser aus dem flüssigen in den gasförmigen Zustand mit einer Wärmezufuhr (Verdampfungswärme), der Übergang vom gasförmigen in den flüssigen Zustand mit frei werdender Wärme (Kondensationswärme) gleicher Größe verbunden ist, kann man zwei Heizwerte feststellen, die sich um den Betrag der Verdampfungs- oder Kondensationswärme des Verbrennungswassers unterscheiden. Bei flüssigem Wasser spricht man von *Verbrennungswärme* (Vw) oder oberem Heizwert, bei dampfförmigem Wasser von *unterem Heizwert* (Hu) oder Heizwert schlechthin. Bei den üblichen technischen Brenngasen ist der Zahlenwert der Verbrennungswärme ungefähr um 10% größer als der des unteren Heizwerts.

Bei Gasen wird der Heizwert auf den Normkubikmeter als Masseneinheit bezogen, so daß man ihn also gewöhnlich in kcal/Nm³ angibt. Da man ihn jedoch mit einem Gas unter Betriebsbedingungen bestimmt, genau so, wie die Gasmengen zunächst unter Betriebsbedingungen gemessen werden, muß man wie dort auf den Normzustand reduzieren. Es gelten die gleichen Reduktionsformeln — s. Gl. (8). Während bei Gasmengen mit dem Reduktionsfaktor multipliziert wird, ist bei der Heizwertreduktion durch den gleich großen Faktor zu dividieren. Dies ist auch durchaus verständlich. Hätte man zum Beispiel ein Gas bei 15° C unter einem Gesamtdruck von 753 Torr im feuchten Zustand gemessen, dann ist das reduzierte Gasvolumen kleiner als das gemessene, das heißt: der Reduktionsfaktor f kleiner als 1. Da sich aber bei der Reduktion die gebundene Wärmemenge nicht ändert, kommt die gleiche Wärmemenge auf ein kleineres Volumen, sie wird also für die Volumeneinheit größer. Mit anderen Worten bedeutet dies, daß der unter Betriebsbedingungen gemessene Heizwert durch den Faktor f zu dividieren ist.

Da in der Praxis die Abgase von Feuerungen immer so heiß sind, daß das Verbrennungswasser dampfförmig bleibt, rechnet man bei uns stets mit dem unteren Heizwert. Im Ausland wird jedoch auch bei Betriebsuntersuchungen die Verbrennungswärme zugrunde gelegt.

Heizwerte von technisch wichtigen Gasen s. S. 9 u. 11.

6. Gasdichte. *Dichte, Raumgewicht* oder *spezifisches Gewicht* sind Bezeichnungen, die in Fachkreisen uneinheitlich angewendet werden, obwohl man sich von der Normung her sehr um eine Klärung bemüht. Im wesentlichen sollen alle diese Bezeichnungen die Menge (Masse) eines Stoffes in der Raumeinheit bedeuten, bei Gasen also kg/Nm³ (s). Einfach ausgedrückt würde das Raumgewicht von Gasen die Anzahl kg angeben, die ein Nm³ Gas darstellt oder wiegt. In der Gastechnik ist es jedoch üblich, diesen Wert mit Bezug auf trockene Luft gleicher Zustandsbedingungen als Vergleichs- oder Bezugseinheit auszudrücken. Da 1 Nm³ Luft eine Masse von 1,293 kg ist, wird diese Dichte $\frac{\text{kg/Nm}^3}{1,293}$. Man bezeichnet diesen Wert, der im Gegensatz zum Raumgewicht von den Bedingungen des Drucks und der Temperatur unabhängig ist, weil sich alle Gase und daher auch die Luft gleichartig mit ihnen ändern, als *Dichteverhältnis* oder *bezogene Dichte*. Da diese Art der Dichte-Angabe eine spezifische Eigenart der Gastechnik ist, schlug ich die bequemere Bezeichnung *Gasdichte* (d_v, bezogen auf Luft = 1) vor.

Werte für das reduzierte Raumgewicht und die Gasdichte von brenntechnisch wichtigen Gasen s. S. 9 u. 11.

Aus den Gasdichten kann das „Normkubikmetergewicht" (= Raumgewicht eines Normkubikmeters) nach

$$s \text{ kg/Nm}^3 = 1,293 \, d_v \tag{9}$$

berechnet werden.

Das Raumgewicht selbst eines Normkubikmeters von Gasen, deren chemische Formel bekannt ist, ergibt sich, wenn man „ideales" Verhalten annehmen kann, indem das Molekulargewicht durch 22,4 geteilt wird.

7. Feuchtigkeitsgehalt und Taupunkt. Der *Feuchtigkeitsgehalt* von Gasen kann in verschiedener Weise angegeben werden. Da er ja gasförmig vorliegt, kann man ihn genau wie andere Gasbestandteile in Volum-% des feuchten Gases ausdrücken. Ferner in Teildrücken absolut (Torr) oder prozentual. Am zweckmäßigsten wird der Feuchtigkeitsgehalt in Masseneinheiten Wasserdampf (g, kg) je Mengeneinheit des trockenen Gasanteils (Nm³) gekennzeichnet.

Für die in Tabelle 3, S. 6 angegebenen Sättigungsdrücke des Wasserdampfs ergeben sich nach

$$\text{H}_2\text{O}_\text{D} \text{ g/Nm}^3 = \frac{18\,000}{22,4} \cdot \frac{w_s}{760 - w_s} \tag{10}$$

die Sättigungsmengen für normale atmosphärische Bedingungen nach Tabelle 5.

Tabelle 5. *Sättigungsmengen an Wasserdampf in Gasen unter Normaldruck.*

$t°$ C	g/Nm³	$t°$ C	g/Nm³	$t°$ C	g/Nm³	$t°$ C	g/Nm³
0	4,9	10	9,9	20	19,0	30	35,1
1	5,2	11	10,5	21	20,2	31	37,3
2	5,6	12	11,3	22	21,5	32	39,6
3	6,1	13	12,1	23	22,9	33	42,0
4	6,5	14	12,9	24	24,4	34	44,5
5	7,0	15	13,8	25	25,9	35	47,2
6	7,5	16	14,7	26	27,6	36	50,0
7	8,0	17	15,7	27	29,3	37	53,1
8	8,6	18	16,7	28	31,1	38	56,2
9	9,2	19	17,8	29	33,1	39	59,6

C. Die technischen Brenngase.

1. Grundgase. Die Grundbestandteile aller technisch wichtigen Brenngase, die in der Regel Gemische aus mehreren Komponenten (Grundgasen) sind, unterteilen sich in brennbare und in unbrennbare oder inerte Einzelgase.

Die technischen Brenngase enthalten als Hauptbestandteile von den Grundgasen *Wasserstoff* (chemisches Zeichen: H_2), *Kohlenoxyd* (CO) und *Kohlenwasserstoffe*, von ihnen vor allem *Methan* (CH_4). Von anderen Kohlenwasserstoffen von technischer Bedeutung als Brenngase sind noch die sogenannten *Flüssiggase*, in erster Linie *Propan* (C_3H_8) und *Butan* (C_4H_{10}) zu nennen. Viele technische Brenngase enthalten ein nicht näher definiertes Gemisch verschiedener Kohlenwasserstoffe, denen gemeinsam ist, daß sie sich gasanalytisch in gleicher Weise erfassen lassen und daher nur als Summe bestimmt werden. Sie werden als *schwere Kohlenwasserstoffe* (in der Gastechnik benutztes Symbol: C_nH_m) bezeichnet. Da ihre Zusammensetzung mit den Gewinnungs- und Behandlungsbedingungen der technischen Brenngase wechselt, kann man für die Eigenschaften nur Näherungswerte angeben. In der Regel genügt es für verbrennungs- und feuerungstechnische Zwecke, für die Summe der schweren Kohlenwasserstoffe den Einzelkohlenwasserstoff *Propylen* (C_3H_6) anzunehmen und in die Berechnungen einzusetzen.

Die unbrennbaren Bestandteile der technischen Brenngase sind *Kohlendioxyd* (CO_2), falsch häufig als Kohlensäure bezeichnet, und *Stickstoff* (N_2), zusammengefaßt als *Inerte* ($CO_2 + N_2$). Hierher gehört ferner der *Sauerstoff* (O_2), der in fast allen technischen Brenngasen in geringen Anteilen (meist unter 1 Vol-%) vorhanden ist, so weit er nicht bewußt in größeren Mengen den Gasen zugegeben wird (s. S. 10). Der Sauerstoff kann nicht den Inerten zugezählt werden, weil er bei der Verbrennung verschwindet; er gilt aber auch nicht als brennbar, weil er keinen Heizwert hat.

Die Heizwerte (Verbrennungswärme und unterer Heizwert) und die Dichten (Gasdichte und Normraumgewicht) der Grundgase sind in Tabelle 6 zusammengestellt.

Tabelle 6. *Verbrennungswärme, unterer Heizwert, Gasdichte und Normraumgewicht der Grundgase technischer Brenngase.*

		Heizwert		Dichte	
		Verbrennungs-wärme Vw kcal/Nm³	(unterer) Heiz-wert Hu kcal/Nm³	Gasdichte d_v (Luft = 1)	Normraum-gewicht s kg/Nm³
brennbare Grundgase	Wasserstoff, H_2	3050	2570	0,07	0,09
	Kohlenoxyd, CO	3020	3020	0,97	1,25
	Methan, CH_4	9520	8550	0,555	0,72
	Schwere Kohlenwasser-stoffe, $C_nH_m (= C_3H_6)$.	22540	21070	1,48	1,915
	Propan, C_3H_8	24320	22350	1,56	2,02
	Butan, C_4H_{10}	32010	29510	2,09	2,70
unbrennbare Grundgase	Kohlendioxyd, CO_2 . . .	—	—	1,53	1,98
	Stickstoff, N_2	—	—	0,97	1,25
	Sauerstoff, O_2	—	—	1,105	1,43
	Wasserdampf, H_2O_D . .	—	—	0,62	0,804

2. Gasverunreinigungen. Neben den oben genannten Grundgasen enthalten alle technischen Brenngase Bestandteile, die meist brennbar, teils auch unbrennbar sind, und die als *Verunreinigungen* gelten. In der Regel werden die technischen Brenngase im Anschluß an ihre Gewinnung oder Erzeugung von diesen Verunreinigungen weitgehend befreit (*Reingase*). In einzelnen Fällen wird nach besonders wirksamen Sonderverfahren zusätzlich gereinigt. Dadurch werden auch die Reste der gewöhnlichen Verunreinigungen weiter vermindert: *Feinreinigung*. So weit man aus örtlich vorliegenden Gründen von einer Reinigung absieht, heißen die Gase *Rohgase*.

Die Verunreinigungen sind *fest* (Staub), *flüssig* bzw. *nebelförmig* (Teer) oder *gas-* bzw. *dampfförmig*; die wichtigsten Verunreinigungen der letzten Gruppe sind:

Wasserdampf, d. h. Gasfeuchtigkeit: H_2O bzw. H_2O_D —
Schwefelwasserstoff: H_2S —
Ammoniak: NH_3 —
Einzelheiten sind im Schrifttum nachzulesen [1][1].

3. Technische Brenngasarten. Es gibt folgende typischen, nach der Höhe der Heizwerte geordneten, technischen Brenngasarten (Heizwerte und Dichten siehe Tabelle 7, S. 11):

a) Schwachgase. Die wichtigsten Vertreter sind das *Hochofengichtgas* und die sogenannten *Generatorgase*. Sie entstehen aus festen Brennstoffen (Koks Kohlen usw.) durch sogenannte *Vergasung*, das heißt: durch thermische Umwandlung (um 1000° C) mit einer zur vollständigen Verbrennung unzureichenden *Luft*menge (trocken oder gelinde angefeuchtet) in brennbare Gasgemische. Sie sind *stickstoffreich*. Brennbarer Hauptbestandteil: *Kohlenoxyd*. Werden sie im ungereinigten Zustand mit der Erzeugungstemperatur verwendet, heißen sie *Heißgase*; gekühlt und gereinigt: *Kaltgase*.

b) Wassergase. Der feste Brennstoff wird mit *Wasserdampf* (= gebundenem Sauerstoff) an Stelle von Luft (= elementarem oder freiem Sauerstoff) vergast. Die weitgehende Abwesenheit von Stickstoff erhöht den Heizwert gegenüber den Schwachgasen. Brennbare Hauptbestandteile: *Wasserstoff* und *Kohlenoxyd*.

c) Starkgase. Zu ihnen gehören die *Entgasungsgase*, die durch Erhitzen fester, gasabspaltender Brennstoffe (Holz, Torf, Braunkohlen, Steinkohlen) in Abwesenheit von Luft (sonst *Vergasung* oder Verbrennung) gewonnen werden. Je nach der Temperatur der Entgasung, wegen des zurückbleibenden festen Brennstoffs (Koks) auch als Verkokung bezeichnet, sind zu unterscheiden:

	Herstellungstemperatur
Tieftemperaturverkokung *(Schwelung)*	ca. 500···700° C
Mitteltemperaturverkokung	ca. 700···900° C
Hochtemperaturverkokung (oder *Verkokung* schlechthin)	oberhalb 900° C

Ferner gehören hierher *Mischgase* aus heizwertreichen und heizwertarmen Gasen mit einer Mischgas-Verbrennungwärme etwa zwischen 3500 und 5000 kcal/Nm^3. Brennbare Hauptbestandteile: *Wasserstoff, Kohlenoxyd* und *Kohlenwasserstoffe*, vor allem *Methan*. Wenn man bei der Herstellung der Mischgase von Flüssiggasen (s. weiter unten) ausgeht, dann kann deren hoher Heizwert auch durch Zusatz von Luft als der heizwertarmen bzw. heizwertfreien Komponente auf den gewünschten Endwert eingestellt werden.

d) Reichgase. Bei ihnen sind deutlich zwei Gruppen zu unterscheiden. Die eine Gruppe wird von den *Erd-* oder *Naturgasen* gebildet. Ihr Hauptbestandteil ist *Methan*. Die andere Gruppe umfaßt die *Flüssiggase*, die heizkräftigsten unserer technischen Brenngase, mit *Propan* und *Butan* als typischste Vertreter. Sie haben ihren widerspruchsvollen Namen davon, daß sie bei gewöhnlichen Temperaturen unter einem Druck von wenigen Atmosphären verflüssigen und in diesem Zustand in geeigneten Behältern (Flaschen, Fässern) auf kleinem Raum gespeichert und befördert werden können. Sobald man sie entspannt, verdampfen sie und können nun gasförmig benutzt werden.

Von anderen Reichgasen, wie *Spaltgasen, Hydrier-* und *Syntheserestgasen*, die alle der Erdgas-(Methan-)Gruppe nahestehen, sei hier abgesehen. Desgleichen vom *Azetylen*, das nur für autogene Sonderzwecke benutzt wird.

e) Häufigste Brenngase im Werkstättenbetrieb. Grundsätzlich ist jedes Brenngas in dafür eingerichteten Verbrennungsanlagen als Wärmequelle

---

[1] Zahlen in eckigen Klammern verweisen auf das Schrifttumverzeichnis auf S. 76.

geeignet. Mit Rücksicht auf zweckmäßige Beschaffungsmöglichkeiten beherrschen bei uns zur Zeit drei Gasarten die Wärmebelieferung von Werkstättenbetrieben: 1) *Generatorgase,* die in industriellen Eigenanlagen selbst hergestellt werden; 2) *Stadt- und Ferngase* als heizkräftige Mischgase auf der Grundlage von Steinkohlengas und Anlieferung an die Verbrauchsstellen durch Leitungen von Gaswerken und Kokereien, sowie 3) *Flüssiggase* für Betriebe, die die Eigenerzeugung vermeiden wollen, andrerseits aber nicht in der Nähe von Gasverteilungsleitungen der Gaswerke oder Ferngasgesellschaften liegen.

4. Eigenschaften der technischen Brenngase. Die folgende Tabelle 7 bringt typische Durchschnittswerte für die *Zusammensetzung* (sauerstofffrei), die *Verbrennungswärme,* den unteren *Heizwert,* die *Gasdichte* und das *Normraumgewicht* von technischen Brenngasen.

Tabelle 7. *Durchschnittswerte für Zusammensetzung, Verbrennungswärme, unteren Heizwert, Gasdichte und Normraumgewicht von technischen Brenngasen.*

		Zusammensetzung							Heizwert		Dichte	
		H_2	CO	CH_4	C_2H_6*	C_nH_m	CO_2	N_2	Verbrennungswärme Vw	(unterer) Heizwert Hu	Gasdichte d_v (Luft = 1)	Normraumgewicht s
		Volum-%							kcal/Nm³			kg/Nm³
Schwachgase	Gichtgas (Hochofengas) . .	2	30	—	—	—	8	60	970	960	0,99	1,29
	Abstichgeneratorgas	1	33	—	—	—	1	65	1030	1020	0,96	1,25
	Koksgeneratorgas	12	28	1	—	—	5	54	1310	1240	0,88	1,14
	Steinkohlengeneratorgas . .	13	29	2	—	—	3	54	1430	1360	0,87	1,12
	Braunkohlengeneratorgas .	15	27	2	—	—	7	49	1460	1370	0,86	1,12
Wassergase	Kokswassergas	50	40	—	—	—	5	5	2730	2490	0,55	0,71
	Kohlenwassergas (Doppelgas)	50	35	5	—	—	5	5	3060	2770	0,53	0,68
Starkgase	Braunkohlenschwelgas . . .	5	15	15	5	5	50	5	4000	3690	1,17	1,51
	Stadtgas mit Generatorgaszusatz	41	13	23	—	2	3	18	4290	3840	0,53	0,69
	Stadtgas mit Wassergaszusatz	51	21	18	—	2	3	5	4360	3910	0,46	0,60
	Kokereigas (Ferngas)	55	6	25	—	2	2	10	4690	4150	0,39	0,51
	Karburiertes Wassergas . .	45	35	1	—	10	4	5	4780	4410	0,63	0,82
	Kohlengas	52	7	32	—	3	2	4	5520	4920	0,40	0,51
	Steinkohlenschwelgas . . .	25	5	45	10	5	5	5	8010	7230	0,62	0,80
Reichgase	Erdgas trocken	—	—	90	2	—	1	7	8900	8000	0,60	0,78
	Ölgas (Spaltgas)	20	5	40	10	20	1	4	10760	9840	0,74	0,96
	Erdgas naß	—	—	75	24	—	—	1	11180	10100	0,68	0,88

* Aethan ist in den bei uns verfügbaren Brenngasen nur, wenn überhaupt, in sehr geringen Anteilen vorhanden. Es hat folgende Grundeigenschaften: Vw = 16820 kcal/Nm³, Hu = 15370 kcal/Nm³, d_v (Luft = 1) = 1,05, s = 1.36 kg/Nm³.

Außer den in Tabelle 7 zusammengestellten Eigenschaften sind für die Verbrennung, die die Grundlage der Wärmeerzeugung bildet, noch zwei weitere Größen wichtig, die des Zusammenhangs wegen bereits in diesem Abschnitt behandelt werden sollen.

Die Auswirkung der einen, der *Zündgeschwindigkeit* (praktisch identisch mit der Verbrennungsgeschwindigkeit), erkennt man an den Gasflammen. Läßt man ein brennbares Gas aus einem geschlossenen Raum, etwa einem Rohr oder einer lochförmigen Öffnung in der das Gas gegen die Atmosphäre abschließenden Wand in die Luft ausströmen, so läßt es sich anzünden und brennt mit einer mehr oder weniger selbstleuchtenden Flamme (*Leuchtflamme*). Mischt man dem ausströmenden Gas jedoch vor seiner Verbrennung Luft (nur in bestimmten Mischungsverhältnissen verbrennungstechnisch möglich) bei, etwa dadurch, daß man es aus einem düsenförmig endenden Rohr in ein beiderseits offenes, unten weites, dann sich verengendes Rohr einströmen läßt (Abb. 1), dann saugt das Gas durch *Injektorwirkung* Luft an. Zündet man nun am engeren Ende, so brennt das Gas entleuchtet und zeigt mehr oder weniger deutlich einen grünlichen, kegelförmigen Innenkern (*Bunsenflamme*). Durch Veränderung der Größe des freien Querschnitts am unteren, breiten Ende des sogenannten Mischrohres kann die Form und Höhe des Innenkegels verändert werden. Mit zunehmender Luftansaugung verkürzt er sich, schließlich springt die Flamme zur Düsenöffnung (*Rückschlag*) und brennt von dort als Leuchtflamme. Im praktischen Betrieb ist dieses Zurückschlagen unerwünscht, weil das Mischrohr heiß wird und zerstört werden kann. Die Bildung des Innenkegels bis zum Auftreten des Rückschlags ist eine Folge der Zündgeschwindigkeit. Gase mit hoher Zündgeschwindigkeit, wie Wasserstoff, bilden niedrige Kegel und neigen leichter zum Rückschlag, der immer dann eintritt, wenn die Ausströmgeschwindigkeit des Gas–Luft-Gemisches kleiner wird als die Zündgeschwindigkeit.

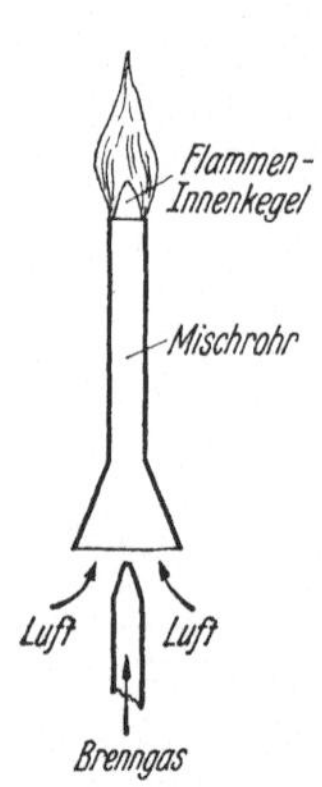

Abb. 1 Bildung einer Bunsenflamme.

Die in Bunsenflammen angesaugte Luftmenge heißt *Primär-* oder *Erstluft.* Die zur vollständigen Verbrennung notwendige Restmenge an Luft, die der Flamme genau so aus der Atmosphäre zuströmt wie bei Leuchtflammen die gesamte Verbrennungsluft, heißt *Sekundär-* oder *Zweitluft.*

Manche Brenngase, insbesondere solche mit niedriger Zündgeschwindigkeit, wie Methan, die Flüssiggase oder inertenreiche Gase, zeigen eine dem Rückschlag entgegengesetzte Erscheinung. Sie neigen je nach dem Gasdruck oder der Ausströmgeschwindigkeit in verschiedenem Maße zum *Abheben* von der Brennöffnung. Der kritische Gasdruck, unter dem sich bei bestimmten Brennerabmessungen eine Flamme abhebt, heißt *Abhebe-* oder weniger korrekt *Löschdruck.* Er ist für die Leuchtflamme eines Gases niedriger als für Bunsenflammen des gleichen Gases und hängt mit der Zündgeschwindigkeit zusammen.

Für Temperaturen oberhalb etwa 600° C (experimentell nachgewiesen zwar erst oberhalb 900°C) ist die Zündgeschwindigkeit nach Untersuchungen von K. Rummel und seinen Mitarbeitern praktisch unendlich groß; die Verbrennung erfolgt momentan, wenn Gas und Luft vollständig gemischt sind, was für entsprechende technische Verbrennungsvorgänge zu dem Satz geführt hat: gemischt bedeutet verbrannt.

Das gesamte äußere Flammenbild (Form) einschließlich der Neigung zum Rückschlag oder zum Abheben (Flammenstabilität) wird als *Brennverhalten* bezeichnet. Es gehört hierher auch noch die Neigung zur Bildung größerer Mengen von Kohlenoxyd im Verbrennungsgas und die Neigung zur Rußbildung, die sich in leicht gelben Flammenspitzen äußert. Dieses Brennverhalten, das in mancher Hinsicht auch von den Brennern oder Geräten abhängt, ergibt sich vom Gas her aus dem Zusammenwirken von Verbrennungswärme, Gasdichte und Zündgeschwindigkeit und kann für viele Zwecke mit *Prüfbrennern* (Ott-Brenner, Prüfbrenner von E. Czakó und E. Schaack) empirisch durch eine bestimmte Prüfbrennerzahl gekennzeichnet werden, die aber allein noch nicht ausreicht, um verschiedene Brenngase miteinander vergleichen zu können.

Für die aus einer Öffnung ausströmende Gasmenge ist neben dem Gasdruck, der Öffnungsart und -größe vom Gas her seine Dichte wichtig. Die in der Zeiteinheit ausströmende Gasmenge ist der Quadratwurzel aus der Gasdichte umgekehrt proportional. Energetisch ist die im ausströmenden Gas gebundene Kalorienmenge dem Heizwert proportional. Daher ist die sogenannte Belastung (s. auch S. 32) bei gegebenem Gasdruck und bezogen auf die Verbrennungswärme gleich $c \cdot \dfrac{Vw}{\sqrt{d_v}}$, worin c eine Konstante bedeutet. Der wichtige Quotient $\dfrac{Vw}{\sqrt{d_v}}$ heißt WOBBE-*Zahl* (WZ). Diese Kennzahl ist praktisch deswegen wichtig, weil sie bei Umstellung einer gasbeheizten Anlage von einer Gasart auf eine andere zweckmäßig unverändert zu halten ist. So weit verschiedene Brenngase ohne Änderung von Brennern in diesen abwechselnd störungsfrei verbrannt werden können, heißen sie *austauschbar*. Die zulässigen Unterschiede in den Eigenschaften austauschbarer Gase sind mit der Art der Gasverwendung und der Art der Einrichtungen verschieden, ohne daß man allgemeine quantitative Angaben machen könnte.

5. Erzeugung technischer Brenngase. Die Erzeugung von vor allem Stadtgas bzw. Ferngas, Wassergas und Generatorgasen, aber auch von den anderen technischen Brenngasen sowie ihre Reinigung ist eingehend in der Literatur [z. B. *2* u. *3*] beschrieben; wegen des hier nur knapp verfügbaren Raumes sei deshalb darauf hingewiesen.

6. Richtlinien für die Gasbeschaffenheit. Der Deutsche Verein von Gas- und Wasserfachmännern (DVGW) hat im Jahre 1939 die letzte Fassung von *Richtlinien* für die Beschaffenheit von Stadt- und Ferngas aufgestellt [*4*]. Es ist anzunehmen, daß diese jetzt noch gültigen Richtlinien in absehbarer Zeit wegen der inzwischen weiter vorwärts geschrittenen Entwicklung überarbeitet werden. Sie lauten:

Brenneigenschaften.

1. Verbrennungswärme (oberer Heizwert) 4200···4600 kcal/Nm³ im Jahresmittel (der — untere — Heizwert beträgt dann 3800···4200 kcal/Nm³). Innerhalb dieser Spanne müssen die Gasgeräte eingestellt werden. Hierbei gelten die Heizwerte nach der oberen Grenze für Kohlengas (Koksofengas), nach der unteren Grenze für Mischgas aus Kohlengas und Vergasungsgas.
Die Höhe des Heizwertes innerhalb dieser Grenzen ist an sich kein Maßstab für das Brennverhalten des Gases, vielmehr ist die Gewährleistung möglichst geringer Schwankungen im Heizwert von viel größerer Bedeutung. Diese örtlich zulässigen Schwankungen des absoluten Heizwertes sollen unter ± 1% der Verbrennungswärme liegen. Bei Messungen im Werk und auf Gasabnahmestellen kann hierauf zusätzlich ein möglicher Meßfehler von je 50 kcal berücksichtigt werden.

2. Dichteverhältnis (bezogen auf Luft = 1) 0,4···0,5, wobei die niedrigen Werte für Kohlengas (Koksofengas), die höheren Werte für Mischgas aus Kohlengas und Vergasungsgas gelten.
(Anmerkung: Mit Rücksicht auf den bei etlichen Werken gebräuchlichen Zusatz von Koksgeneratorgas zum Kohlengas bei der Einstellung des Mischgasheizwertes sollte die obere Grenze auf etwa 0,52 heraufgesetzt werden.)
Die örtlich zulässigen Schwankungen sollen unter ± 3% sein.

3. Der Gasdruck im werkseigenen Rohrnetz soll an keiner Stelle 60 mm WS unterschreiten.

4. Die für die Bestimmung der aus der Zündgeschwindigkeit sich ableitenden Brenneigenschaften des Gases vorhandenen Meßgeräte genügen zur Zeit noch nicht für die exakte Festlegung von Meßgrenzen. Vorläufig kann aber empfohlen werden, beim OTT-Prüfer die Flackerpunkte zwischen 60 und 100, beim Prüfbrenner (E. CZAKÓ und E. SCHAACK) die Zahlen zwischen 65 und 120 zu halten, wobei die niedrigen Werte für Mischgas aus Kohlengas und Vergasungsgas, die höheren Werte für Kohlengas (Koksofengas) gelten. Die örtliche Gleichmäßigkeit muß bei einem bestimmten Wert liegen.

Reinheit.

1. Sauerstoff . . . . unter 0,5 (tunlichst unter 0,3) Vol-%.
2. Schwefelwasserstoff . . . . . . unter 2 g/100 Nm³ [1]. (Die Bleiazetatprobe zeigt
                                    einen Grenzwert von weniger als 0,2 g/100 Nm³ an.)
3. Ammoniak . . . . unter 0,3 g/100 Nm³.
4. Naphthalin . . . . je nach Temperatur $\dfrac{5 \cdots 10}{p}$ g/100 Nm³. (p in ata)
5. Die Gehalte an organischem Schwefel, Cyanwasserstoff und Stickstoffoxyd lassen sich
   durch die normale Gasreinigung nicht begrenzen. Im allgemeinen beträgt
   der organische Schwefel . . . . bis etwa 25 g/100 Nm³,
   der Cyanwasserstoff . . . . . bis etwa 15 g/100 Nm³,
   das Stickstoffoxyd . . . . . . um 0,2 Ncm³/Nm³.
6. Das Gas soll praktisch frei von Teer sein.

Feinreinigung.

Die Gehalte unter „Reinheit" oder einige von ihnen sowie die durch sie bedingten, wenn
auch geringeren Korrosionen, lassen sich wesentlich herabsetzen durch Gasreinigungs-
verfahren, wie

1. Stickstoffoxyd- und Cyanwasserstoffverminderung in der Trockenreinigung,
2. Sauerstoffverminderung in der Trockenreinigung,
3. Gastrocknung,
4. Aktivkohleverfahren,
5. Gasentgiftung.

Die in diesen Richtlinien angegebenen örtlich zulässigen Schwankungen genügen auch für einwandfreies Arbeiten empfindlicher Gasgeräte und -feuerstätten.
Je nach der Art der gasbefeuerten Anlagen eines Versorgungsbereichs wird man auch
größere Schwankungen zulassen können. Eine Erweiterung des Bereichs der zulässigen Schwankungen wird begünstigt durch die Einführung von unempfind-
licheren Brennern und Geräten sowie durch die Anwendung von Reglern. Die
Brennerkonstruktionen zeigen eine ständige Verbesserung in dieser Richtung.
Außerdem befindet sich die Entwicklung von Reglern in einem starken Aufstieg.

D. Verbrennung.

1. Die Luft ist in der Regel der den zur Verbrennung notwendigen *Sauerstoff*
liefernde Reaktionspartner der Brennstoffe. Sie besteht im trockenen Zustand mit
einer für technische Zwecke ausreichenden Genauigkeit aus 21,0 Vol-% *Sauerstoff*
und 79,0 Vol-% sogenanntem atmosphärischem *Stickstoff*. Er ist kein chemisch
reiner Stickstoff, sondern enthält geringe Mengen an Edelgasen, hauptsächlich
Argon, das sich aber bei der Verbrennung gleich dem Stickstoff indifferent verhält.
Auf Grund der volumetrischen Zusammensetzung kommen in der Luft auf 1 Nm³
Sauerstoff 3,76 Nm³ Stickstoff, entsprechend 4,76 Nm³ Luft. Für manche technischen Zwecke arbeitet man, wie bereits an anderer Stelle erwähnt (s. S. 4), zur
Verringerung von ungünstigen Wirkungen des Stickstoffs (= Ballast) mit Luft, der
zusätzlich Sauerstoff beigemischt ist, sogenannte *angereicherte Luft*. Enthält sie
a ($> 21,0$) Vol-% Sauerstoff, dann kommen auf 1 Nm³ davon $\dfrac{100 - a}{a}$ Nm³ Stickstoff,
entsprechend $\dfrac{100}{a}$ Nm³ angereicherte Luft.

2. Verbrennungsgleichungen. Aus den chemischen Formeln der Grundgase
(s. S. 9) und der Zusammensetzung der gewöhnlichen Luft ergeben sich die im
folgenden zusammengestellten *Verbrennungsgleichungen*. Für die angereicherte
Luft lassen sich leicht entsprechende Gleichungen ableiten.

---

[1] Im Gegensatz zur Originalfassung der Richtlinien sind hier die Gasmengen in Nm³ angegeben.

Wasserstoff:
$$1\,\mathrm{Nm^3}\,H_2 + \underbrace{0{,}5\,\mathrm{Nm^3}\,O_2 + 1{,}88\,\mathrm{Nm^3}\,N_2}_{2{,}38\,\mathrm{Nm^3}\,\text{Luft}} = 1\,\mathrm{Nm^3}\,H_2O_D + 1{,}88\,\mathrm{Nm^3}\,N_2 \qquad (11)$$

Kohlenoxyd:
$$1\,\mathrm{Nm^3}\,CO + \underbrace{0{,}5\,\mathrm{Nm^3}\,O_2 + 1{,}88\,\mathrm{Nm^3}\,N_2}_{2{,}38\,\mathrm{Nm^3}\,\text{Luft}} = 1\,\mathrm{Nm^3}\,CO_2 + 1{,}88\,\mathrm{Nm^3}\,N_2 \qquad (12)$$

Methan:
$$1\,\mathrm{Nm^3}\,CH_4 + \underbrace{2\,\mathrm{Nm^3}\,O_2 + 7{,}52\,\mathrm{Nm^3}\,N_2}_{9{,}52\,\mathrm{Nm^3}\,\text{Luft}} = 1\,\mathrm{Nm^3}\,CO_2 + 2\,\mathrm{Nm^3}\,H_2O_D + 7{,}52\,\mathrm{Nm^3}\,N_2 \qquad (13)$$

Schwere Kohlenwasserstoffe:
$$1\,\mathrm{Nm^3}\,C_3H_6 + \underbrace{4{,}5\,\mathrm{Nm^3}\,O_2 + 16{,}92\,\mathrm{Nm^3}\,N_2}_{21{,}42\,\mathrm{Nm^3}\,\text{Luft}} =$$
$$= 3\,\mathrm{Nm^3}\,CO_2 + 3\,\mathrm{Nm^3}\,H_2O_D + 16{,}92\,\mathrm{Nm^3}\,N_2 \qquad (14)$$

Propan:
$$1\,\mathrm{Nm^3}\,C_3H_8 + \underbrace{5\,\mathrm{Nm^3}\,O_2 + 18{,}8\,\mathrm{Nm^3}\,N_2}_{23{,}8\,\mathrm{Nm^3}\,\text{Luft}} =$$
$$= 3\,\mathrm{Nm^3}\,CO_2 + 4\,\mathrm{Nm^3}\,H_2O_D + 18{,}8\,\mathrm{Nm^3}\,N_2 \qquad (15)$$

Butan:
$$1\,\mathrm{Nm^3}\,C_4H_{10} + \underbrace{6{,}5\,\mathrm{Nm^3}\,O_2 + 24{,}44\,\mathrm{Nm^3}\,N_2}_{30{,}94\,\mathrm{Nm^3}\,\text{Luft}} =$$
$$= 4\,\mathrm{Nm^3}\,CO_2 + 5\,\mathrm{Nm^3}\,H_2O_D + 24{,}44\,\mathrm{Nm^3}\,N_2 \qquad (16)$$

3. Verbrennungskennwerte. Die in den Gl. (11) bis (16) je $\mathrm{Nm^3}$ Grundgas angegebenen Luftmengen sind die *Mindestluftmengen*, mit denen ein Brenngas gerade *vollständig* verbrannt werden kann; diese jeweilige Mindestmenge heißt *theoretische Luftmenge* oder einfach *Luftbedarf* ($L_{min}\,\mathrm{Nm^3}$ Luft/$\mathrm{Nm^3}$ Brenngas). Die Summe der entstehenden Verbrennungsgase heißt (theoretische) *Rauchgasmenge* ($V_{min}\,\mathrm{Nm^3}$ Rauchgas/$\mathrm{Nm^3}$ Brenngas). Während für wärmetechnische Zwecke die gesamte Rauchgasmenge in Rechnung zu stellen ist, braucht man für gasanalytische Zwecke, bei denen z. B. im ORSAT-Apparat nur der trockene Gasanteil untersucht wird, die *trockene Rauchgasmenge* ($V_{min}^{tr}\,\mathrm{Nm^3}$ trockenes Rauchgas/$\mathrm{Nm^3}$ Brenngas). Die *gesamte Rauchgasmenge* wird als *feucht* näher gekennzeichnet ($V_{min}^{f}\,\mathrm{Nm^3}$ feuchtes Rauchgas/$\mathrm{Nm^3}$ Brenngas). Eine wichtige, den Brennstoff kennzeichnende Größe ist ferner der *Kohlendioxydgehalt der trockenen Rauchgase bei vollständiger Verbrennung mit theoretisch notwendiger Luftmenge* ($CO_{2,max}$ Vol-%). In der folgenden Tabelle 8 sind alle diese Verbrennungskennwerte für die Grundgase zusammengestellt.

Tabelle 8. *Verbrennungskennwerte der Grundgase technischer Brenngase.*

	O_2 min	L_{min}	V_{min}^{tr}	V_{min}^{f}	$CO_{2,max}$
	$\mathrm{Nm^3/Nm^3}$ Grundgas				Vol-%
Wasserstoff, H_2	0,5	2,38	1,88	2,38	0,0
Kohlenoxyd, CO	0,5	2,38	2,88	(2,88)	34,7
Methan, CH_4	2,0	7,52	8,52	10,52	11,7
Schwere Kohlenwasserstoffe, C_nH_m					
(C_3H_6)	4,5	21,42	19,92	22,92	15,1
Propan, C_3H_8	5,0	23,80	21,80	25,50	13,8
Butan, C_4H_{10}	6,5	30,94	28,44	33,44	14,1

Für ein technisches Brenngas aus mehreren verschiedenen Bestandteilen (Grundgasen) errechnet man die Verbrennungskennwerte *additiv aus der volumetrischen Zusammensetzung* nach folgendem Formular-Beispiel:

Tabelle 9. *Berechnungsbeispiel für die Ermittlung der Verbrennungswerte technischer Brenngase.*

	Brenngas-Zusammensetzung	O_2, min	Luftstickstoff, N_2, min	CO_2	H_2O_D	N_2
	Vol-%	Nm³/Nm³ Brenngas				
Wasserstoff, H_2	50,0	0,50	0,25	0,855 · 3,76	—	0,50	
Kohlenoxyd, CO	12,0	0,12	0,06		0,12	—	
Methan, CH_4	23,0	0,23	0,46		0,23	0,46	} 3,215
Schwere Kohlenwasser-stoffe, C_nH_m (C_3H_6)	2,0	0,02	0,09		0,06	0,06	
Kohlendioxyd, CO_2 . . .	3,0	0,03	—		0,03	—	—
Stickstoff, N_2	9,5	0,095	—		—	—	0,095
Sauerstoff, O_2	0,5	0,005	—0,005		—	—	—
	100,0 (1)	1,000 (2)	0,855 (3)	3,215 (4)	0,44 (5)	1,02 (6)	3,310 (7)

$$L_{\min} = (3) + (4) = 0,855 + 3,215 = 4,070 \text{ Nm}^3 \text{ Luft/Nm}^3 \text{ Brenngas,}$$

$$V_{\min}^{tr} = (5) + (7) = 0,44 + 3,310 = 3,750 \text{ Nm}^3 \text{ Rauchgas trocken/Nm}^3 \text{ Brenngas,}$$

$$V_{\min}^{f} = (5) + (6) + (7) = 0,44 + 1,02 + 3,310 =$$
$$= 4,770 \text{ Nm}^3 \text{ Rauchgas feucht/Nm}^3 \text{ Brenngas,}$$

$$CO_{2,\max} = \frac{(5)}{(5) + (7)} \cdot 100 = \frac{0,44}{0,44 + 3,310} \cdot 100 = 11,7 \text{ Vol-%.}$$

Nach R. ROSIN und J. FEHLING kann man den Luftbedarf von Brenngasen und die theoretische Rauchgasmenge feucht mit guter Annäherung aus dem (unteren) Heizwert berechnen:

$$Hu < 3000 \text{ kcal/Nm}^3 \quad L_{\min} = 0,875 \frac{Hu}{1000} \text{ Nm}^3 \text{ Luft/Nm}^3 \text{ Brenngas}$$

$$V_{\min}^{f} = 0,725 \frac{Hu}{1000} + 1,0 \text{ Nm}^3 \text{Rauchgas feucht/Nm}^3 \text{Brenngas}$$

$$Hu > 3000 \text{ kcal/Nm}^3 \quad L_{\min} = 1,09 \frac{Hu}{1000} - 0,25 \text{ Nm}^3 \text{ Luft/Nm}^3 \text{ Brenngas}$$

$$V_{\min}^{f} = 1,14 \frac{Hu}{1000} + 0,25 \text{ Nm}^3 \text{ Rauchgas feucht/Nm}^3$$
$$\text{Brenngas}$$

4. Arten der Verbrennung. In der Praxis wird in der Regel nicht mit genau theoretischer Luftmenge verbrannt, wenn dies auch aus Wirkungsgradgründen wünschenswert wäre. Meistens arbeitet man mit mehr Luft, damit die Verbrennungsprodukte Kohlendioxyd und Wasserdampf leichter und sicher vollständig gebildet werden. Bei der Wärmebehandlung mancher Metalle muß die Berührung mit Sauerstoff, der aus der überschüssigen Luft stammt, vermieden werden. So weit man nicht die Berührung zwischen dem Wärmgut und der Verbrennungsgasatmosphäre umgehen kann (z. B. durch Beheizung mit Strahlrohren in einer Schutzgasatmosphäre), wird mit weniger als der theoretischen Luftmenge verbrannt.

Das Verhältnis der in einer Feuerung tatsächlich zugeführten Luftmenge (L Nm³/Nm³ Brenngas) zur theoretisch notwendigen ($L_{\min}$) heißt *Luftzahl* oder *Luftfaktor* (n).

Für die drei Möglichkeiten der Mischung findet man folgende Bezeichnungen:

Luftbedarf			Bemerkung
$< L_{min}$	L_{min}	$> L_{min}$	
$n < 1$	$n = 1$	$n > 1$	betrifft Luftzahl
Luftunterschuß	theoret. Luftmenge	Luftüberschuß	betrifft Verbrennungsluft
luftarm	luftsatt	luftreich	betrifft Verbrennungsgemisch
reduzierend	neutral	oxydierend	betrifft Atmosphäre

Die drei letzten Bezeichnungen sind irreführend, weil sie sich nicht, wie man meinen sollte, auf die chemische Wirkung der Verbrennungsgasatmosphäre gegenüber dem Wärmgut beziehen, sondern auf das Mischungsverhältnis Gas zu Luft. Tatsächlich kann eine bezüglich des Mischungsverhältnisses reduzierende Atmosphäre Metalle in der Hitze oxydieren, weil auch Kohlendioxyd und Wasserdampf diese Wirkung ausüben und nicht nur der freie Sauerstoff.

Wenn die Luftmenge ausreicht, daß sich als Endprodukte Kohlendioxyd und Wasserdampf bilden können, ist es angebracht, von *vollständiger Verbrennung* zu sprechen (nur möglich für $n \geq 1$). Für $n < 1$ ist die Verbrennung *unvollständig*. Sind bei vollständiger Verbrennung nur Kohlendioxyd, Wasserdampf und gegebenenfalls freier Sauerstoff vorhanden, ist sie auch *vollkommen*. Wenn aber neben freiem Sauerstoff Kohlenoxyd im Verbrennungsgas auftritt, dann liegt *unvollkommene Verbrennung* vor. Mit dieser Unterscheidung ist in diese vier häufig uneinheitlich gebrauchten Bezeichnungen eine Ordnung gebracht worden.

5. Wärmeinhalt. Es gehört zu den Eigenarten aller brennstoffbeheizten und daher auch der gasbeheizten Anlagen, daß die abziehenden Verbrennungsprodukte eine bestimmte Wärmemenge enthalten, die sogenannte *fühlbare Wärme*, den (fühlbaren) *Wärmeinhalt* oder die *Enthalpie*. Sie ist — ganz allgemein für jeden Stoff — gegeben durch

$$i = V \cdot t \cdot \bar{c} \text{ kcal} . \tag{17}$$

i (fühlbarer) Wärmeinhalt oder Enthalpie in kcal
V Stoffmenge in Masseneinheiten (kg, Nm³)
t Temperatur in °C
$\bar{c}$ mittlere spezifische Wärme des Stoffs zwischen 0 und $t°$ C (kcal/kg°C bzw. kcal/Nm³ °C)

Einige Werte für die mittlere spezifische Wärme unter konstantem Druck[1] der technisch wichtigen Grundgase sind in Tabelle 10 zusammengestellt. Für zusammengesetzte Gase ergibt sich die mittlere spezifische Wärme bei gegebener Temperatur additiv aus der volumetrischen Zusammensetzung und der mittleren spezifischen Wärme der einzelnen Grundgase, die das Gemisch bilden:

$$\bar{c}_\Sigma = \text{Vol-\%} \text{ Grundgas } 1 \cdot \bar{c}_1 + \text{Vol-\%} \text{ Grundgas } 2 \cdot \bar{c}_2 + \cdots \tag{18}$$

Für Zwischentemperaturen kann man leicht interpolieren.

Einen Gegensatz zu den fühlbaren Wärmeverlusten bilden die Wärmeverluste durch „*Unverbranntes*" oder „*Verbrennliches*" in den Abgasen. Dabei handelt es sich um noch chemisch gebundene Wärme, die erst durch Restverbrennung frei werden könnte.

---

[1] Für Feuerungen sind in der Regel nur die spezifischen Wärmen unter konstantem Druck — meist um eine Atmosphäre — wichtig. Innerhalb dieses Druckbereichs kann man für technische Zwecke ausreichend genau mit den auf einen Druck von 0 ata extrapolierten Werten der Tabelle rechnen.

Tabelle 10. *Mittlere spezifische Wärmen unter konstantem Druck* ($p = 0$ ata) *der Grundgase technischer Verbrennungsgase.*

Temperatur °C	H_2	CO	CH_4	C_nH_m *	O_2	N_2	Luft	CO_2	H_2O_D
0	0,310	0,311	0,369	0,56	0,314	0,311	0,310	0,387	0,356
500	0,312	0,321	0,510	0,95	0,335	0,319	0,321	0,483	0,378
1000	0,317	0,338	0,634	1,19	0,354	0,334	0,337	0,534	0,410
1500	0,326	0,350	—	—	0,366	0,347	0,350	0,564	0,439
2000	0,336	0,359	—	—	0,376	0,356	0,358	0,584	0,465

* Die Werte für C_nH_m sind unter der Annahme berechnet worden, daß die schweren Kohlenwasserstoffe zu einem Drittel aus Benzoldampf und zu zwei Drittel aus Äthylen bestünden; Werte für Propylen sind noch nicht bekannt.

Die Darstellung des Wärmeinhaltes von Verbrennungsgasen im Schaubild ist unter der Bezeichnung „*i,t*-Diagramm der Verbrennung" oder kurz „*i,t-Diagramm*" bekannt und gibt ein sehr brauchbares Hilfsmittel bei wärmetechnischen Berechnungen ab; es wird darauf bei der Berechnung von Verbrennungstemperaturen näher eingegangen (s. S. 21).

6. Wirkungsgrade. Die in einer brennstoffbeheizten Anlage insgesamt verfügbare Wärme teilt sich auf folgende Einzelposten auf:

<table>
<tr><td align="center" colspan="2">zugeführt</td><td align="center">abgeführt</td></tr>
<tr><td>a) Heizwert des Brennstoffs</td><td></td><td>a) Nutzwärme</td></tr>
<tr><td>b) Vorwärmung von Brennstoff oder Luft</td><td></td><td>b) fühlbarer Abgasverlust</td></tr>
<tr><td></td><td></td><td>c) Unverbranntes oder Verbrennliches</td></tr>
<tr><td>c) Reaktionswärme (z. B. durch Zunderbildung)</td><td></td><td>(bei festen Brennstoffen z. B. in der Asche oder Schlacke)</td></tr>
<tr><td></td><td></td><td>d) Wandverluste an die Umgebung</td></tr>
<tr><td></td><td></td><td>e) Ausflammverluste durch offene Türen, Öffnungen und Undichtigkeiten</td></tr>
<tr><td></td><td></td><td>f) Strahlungsverluste durch Öffnungen des Ofenraums</td></tr>
<tr><td></td><td></td><td>g) Kühlwasserverluste</td></tr>
<tr><td></td><td></td><td>h) Wärmeabgabe zur Vorwärmung (Wärmerückgewinn aus den Abgasen).</td></tr>
</table>

Es gilt:

$$\Sigma \text{ zugeführte Wärmemenge} = \Sigma \text{ abgeführte Wärmemenge.} \qquad (19)$$

Je nachdem, welche Posten der abgeführten Wärme zu Posten der zugeführten Wärme ins Verhältnis gesetzt werden, ergeben sich verschiedene „*Wirkungsgrade*".

Der Anteil der im Brennstoff einer Anlage als unterer Heizwert zugeführten Wärmemenge, der nicht als Enthalpie der Verbrennungsgase aus der Anlage abzieht, ergibt, geteilt durch den Brennstoffheizwert, den *feuerungstechnischen Wirkungsgrad* (η_f):

$$\eta_f = \frac{Hu - i}{Hu}. \qquad (20)$$

η_f ist kleiner als 1; mit 100 multipliziert, erhält man den Zahlenwert für den feuerungstechnischen Wirkungsgrad in %. Da der Wert für i mit der Temperatur der Abgase und größer werdendem Luftüberschuß ansteigt, nimmt gleichzeitig der feuerungstechnische Wirkungsgrad ab. Er sagt nichts darüber aus, wie sich die primär in der Anlage verbliebene Wärmemenge verteilt, etwa auf die eigentliche *Nutzwärme* (Q_n), auf Verluste durch Wärmeabgabe der warmen Mauerung an die Umgebung (Wandverluste) usw.

Zur näheren Kennzeichnung dieser Aufteilung gilt als *Gütegrad* ($\eta_{\ddot{u}}$) das Verhältnis der Nutzwärme zu der insgesamt im Ofen verbliebenen Wärme:

$$\eta_{\ddot{u}} = \frac{Q_n}{Hu - i}. \tag{21}$$

Das Produkt beider Wirkungsgrade bildet den *Gesamtwirkungsgrad* (η_{ges}) einer Anlage und entspricht dem Verhältnis der Nutzwärme zum Brennstoffheizwert:

$$\eta_{ges} = \eta_f \cdot \eta_{\ddot{u}} = \frac{Q_n}{Hu}. \tag{22}$$

Rechenbeispiele:

a) Das in Tabelle 9 (S. 16) angegebene Brenngas hat mit den Grundwerten der Tabelle 6 (S. 9) folgenden (unteren) Heizwert:

Wasserstoff, H_2 . . . . 0,50 · 2570 = 1285
Kohlenoxyd, CO . . . . 0,12 · 3020 = 362,4
Methan, CH_4 . . . . 0,23 · 8550 = 1966,5
Schwere Kohlenwasserstoffe, $C_n H_m$ (C_3H_6) . . . 0,02 · 21070 = 421,4

4035 kcal/Nm³

Der *theoretische Luftbedarf zur Verbrennung* (L_{min}) war nach der genauen Rechnung 4,075 Nm³/ Nm³ Brenngas, während sich nach der Näherungsrechnung (ROSIN-FEHLING) aus dem (unteren) Heizwert 1,09 · 4,035 — 0,25 = 4,15 Nm³/Nm³ Brenngas ergibt. Die *theoretische feuchte Rauchgasmenge* betrug nach der strengen Rechnung 4,770 Nm³/Nm³ Brenngas; nach ROSIN-FEHLING ergibt sich 1,14 · 4,035 + 0,25 = 4,85 Nm³/Nm³ Brenngas. Die Unterschiede liegen unter 2% der absoluten Beträge.

Das Brenngas werde mit 12% Luftüberschuß ($n = 1,12$) verbrannt und liefert dann (s. Tabelle 9) je Nm³ Brenngas:

$$0,44 \text{ Nm}^3 \text{ CO}_2$$
$$1,02 \text{ Nm}^3 \text{ H}_2\text{O}_D$$
$$3,31 \text{ Nm}^3 \text{ N}_2$$
$$0,12 \text{ Nm}^3 \text{ Luft}$$

Die Abgase mögen mit 500° C die Anlage verlassen. *Die mittlere spezifische Wärme* der Abgase ist für 500°:

$$0,44 \cdot 0,483 = 0,21252$$
$$1,02 \cdot 0,378 = 0,38556$$
$$3,31 \cdot 0,319 = 1,05589$$
$$0,12 \cdot 0,321 = 0,03852$$
$$4,89 \cdot \bar{c}_x \quad = 1,69249$$

$$\bar{c}_x = \frac{1,69249}{4,89} = 0,346 \text{ kcal}/°\text{C} \cdot \text{Nm}^3 \text{ Brenngas.}$$

Die *Enthalpie* ergibt sich zu

$$i_{500} = 4,89 \cdot 500 \cdot 0,346 = 846 \text{ kcal/Nm}^3 \text{ Brenngas.}$$

Der *feuerungstechnische Wirkungsgrad* ist dann

$$\eta_f^{500} = \frac{4035 - 846}{4035} = 0,790 \text{ oder } 79,0\%.$$

Würde die *Nutzwärme* je Nm³ Brenngas 1500 kcal betragen, dann wäre der *Gütegrad* der Anlage bei der diesen Ergebnissen entsprechenden Leistung

$$\eta_{\ddot{u}} = \frac{1500}{4035-846} = 0,470 \text{ oder } 47,0\%.$$

Der *Gesamtwirkungsgrad* ergäbe sich schließlich zu

$$\eta_{ges} = \frac{1500}{4035} = 0,790 \cdot 0,470 = 0,371 \text{ oder } 37,1\%.$$

$$\underset{\eta_f}{\downarrow} \qquad \underset{\eta_{\ddot{u}}}{\downarrow}$$

b) Die gesamte *Aufteilung* der Wärme in einem guten Wärmebehandlungsofen für industrielle Zwecke gibt E. Schumacher in % wie folgt an:

<table>
<tr><td colspan="2">zugeführt</td><td colspan="2">abgeführt</td></tr>
<tr><td>a) im Heizwert des Gases . . . . .</td><td>93,1%</td><td>a) Nutzwärme . . . .</td><td>48,5%</td></tr>
<tr><td>b) durch Vorwärmung . . . . . .</td><td>3,6%</td><td>b) Enthalpie des Abgases . . . . .</td><td>16,0%</td></tr>
<tr><td>c) durch Abbrand des Wärmgutes .</td><td>3,3%</td><td>c) Unverbranntes im Abgas . . . .</td><td>2,9%</td></tr>
<tr><td></td><td>100,0%</td><td>d) Wandverluste an die Umgebung .</td><td>25,3%</td></tr>
<tr><td></td><td></td><td>e, f) Ausflamm- und Strahlungsver-</td><td></td></tr>
<tr><td></td><td></td><td>luste durch die Türen . . . . .</td><td>3,7%</td></tr>
<tr><td></td><td></td><td>g) Kühlwasserverlust . . . .</td><td>—</td></tr>
<tr><td></td><td></td><td>h) Wärmeabgabe zur Vorwärmung .</td><td>3,6%</td></tr>
<tr><td></td><td></td><td></td><td>100,0%</td></tr>
</table>

Ein wertvolles Hilfsmittel zur Darstellung derartiger Wärmebilanzen sind die Sankey-Diagramme. Für den obigen Fall ist das Wärmestrombild in Abb. 2 wiedergegeben.

7. Wärmerückgewinn und Vorwärmung. Die Enthalpie der heißen Abgase einer gasbeheizten Anlage, die sogenannte *Abwärme* oder *Abhitze*, läßt sich bei genügend hoher Abgastemperatur (in der Regel von etwa 600° C an aufwärts) mit gutem Erfolg entweder zur Verbesserung der Wärmewirtschaft der gasbeheizten Anlage selbst oder für andere Wärmezwecke im Betrieb (Trocknung, Heizung, Warmwasserbereitung, Dampferzeugung) ausnutzen. Die Ausnutzung innerhalb der gasbeheizten Anlage bringt eine *Gaseinsparung*, steigert also die Wirtschaftlichkeit. Der am häufigsten anzutreffende Fall ist die *Vorwärmung der Verbrennungsluft* und in manchen Fällen *auch des Brenngases*. Bei Gasen, die, wie Stadt-, Fern- und Erdgas, Kohlenwasserstoffe in größeren Anteilen enthalten, zerfallen diese bei zu hohen Vorwärmtemperaturen (etwa ab 500° C). Dabei scheidet sich Ruß ab. Hingegen können Schwachgase, wie Generatorgase und Hochofengas, selbst bei den in Werk-

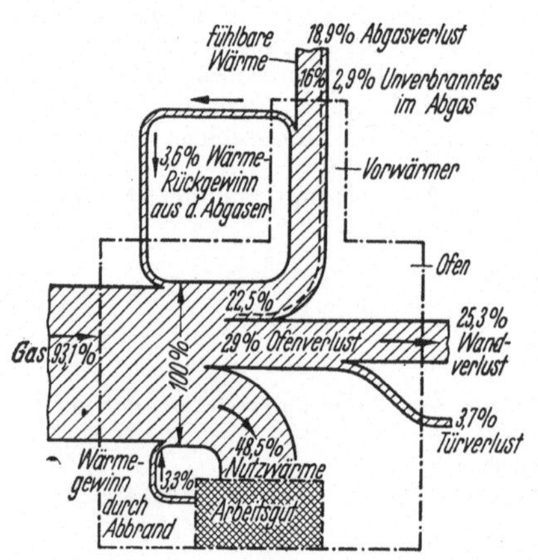

Abb. 2. Wärmestrombild eines Industrieofens (Sankey-Diagramm).

stätten vorkommenden höchsten Temperaturen, voll vorgewärmt werden. Bei kohlenwasserstoffhaltigen Gasen kann man zwar durch verdünnende und die Kohlenstoffabscheidung behindernde Zusätze, vor allem Wasserdampf, die zulässigen Vorwärmtemperaturen erhöhen, doch verschlechtern derartige „Ballast"-Zusätze die Wärmewirtschaft einer Anlage; man vermeidet sie daher besser.

Die *durch Vorwärmung erzielbare Brennstoffersparnis* errechnet sich folgendermaßen:

Die Nutzwärme, vermehrt um die ofeneigenen Wärmeverluste (also ohne den fühlbaren Abgasverlust), die von m Masseneinheiten — bei Gasen von m Nm³ — Brennstoff geliefert wird, ist

$$Q = Hu \cdot \eta_f \cdot m \text{ kcal.} \tag{23}$$

Mit Vorwärmung wird der gleiche Wärmebetrag Q von $f \cdot m$ Nm³ Brenngas ($f < 1$) aufgebracht. Die Wärmemenge, die die Verbrennungsluft bzw. bei Vorwärmung auch des Gases beide mitbringen, sei q kcal/Nm³ Brenngas. Dann ist diesmal

$$Q = (Hu \cdot \eta_f + q) \cdot f \cdot m \text{ kcal.} \tag{24}$$

Aus den Gl. (23) und (24) wird, da $Q = Q$,

$$f = \frac{Hu \cdot \eta_f}{Hu \cdot \eta_f + q} \cdot \tag{25}$$

Die Brennstoffersparnis BE beträgt dann

$$BE = \frac{m\,(1-f)}{m} \cdot 100 = \frac{q}{Hu \cdot \eta_f + q} \cdot 100\% \cdot \tag{26}$$

8. Verbrennungstemperatur. Die Wärmebehandlung verschiedener Stoffe erfordert je nach ihren Eigenarten und je nach dem Behandlungszweck verschieden hohe Temperaturen. Bei der Verbrennung verschiedener Brennstoffe ergeben sich individuell verschiedene und mit den Verbrennungsbedingungen (Größe des Luftüberschusses, Grad der Vorwärmung, Wärmeableitung aus dem Verbrennungsraum) wechselnde *Verbrennungstemperaturen*, worunter man praktisch die höchsten in einem Verbrennungsraum auftretenden Temperaturen verstehen kann. Für den Vergleich von Brennstoffen und der Wirkung des Luftüberschusses sowie der Vorwärmung wird jedoch der Begriff Verbrennungstemperatur, in diesem Fall manchmal auch *theoretische Verbrennungstemperatur* genannt, anders gekennzeichnet. Man versteht darunter jene Temperatur, welche die Verbrennungsprodukte erreichen würden, wenn die gesamte frei werdende Wärme ihnen zuflösse, also ohne Abgabe von Wärme an die Umgebung, aber auch ohne Wärmeaufnahme aus der Umgebung (*adiabatische Verbrennung*). Diese *Verbrennungstemperatur* t_v ergibt sich nach

$$t_v = \frac{Hu + Qv}{V \cdot \bar{c}} \,^\circ\mathrm{C} \cdot \tag{27}$$

H_u (unterer) Heizwert des Brenngases in kcal/Nm³
Q_v durch Vorwärmung je Nm³ Brenngas eingebrachte Wärmemenge in kcal
V die aus 1 Nm³ Brenngas bei der gegebenen Luftzahl n entstehende Gesamtmenge (feucht) an Verbrennungsgasen in Nm³
$\bar{c}$ mittlere spezifische Wärme (unter konstantem Druck) der je 1 Nm³ Brenngas entstehenden Verbrennungsgase (feucht) zwischen 0° C und der Verbrennungstemperatur t_v in kcal/°C Nm³ Verbrennungsgas (feucht)

Die Gl. (27) läßt sich nicht ohne weiteres auswerten, weil — obwohl Hu, Q_v und V als feste Größen leicht ermittelt werden können — $\bar{c}$ sich mit der Temperatur ändert.

Es gibt drei Verfahren, um dennoch zu einer Lösung zu kommen:

a) Am einfachsten, aber auch etwas umständlich, wird t_v durch *Probieren* gefunden. Man nimmt irgendeinen Wert für t_v an. Dann kann man die zugehörige spezifische Wärme den bekannten Tabellen entnehmen. Setzt man nun ihren Wert in Gl (27) ein, so wird sich in der Regel für t_v ein anderer Wert als der angenommene ergeben. Für diesen neuen Temperaturwert setzt man nun wieder die den Tabellen zu entnehmende spezifische Wärme ein und fährt mit der Temperaturberechnung so lange fort, bis sich die Werte nur noch um 5 bis 10° C unterscheiden.

b) Rascher kommt man zum Ziel, wenn man für die spezifische Wärme *Gleichungen für die Temperaturabhängigkeit* einführt und diese dann mit der Grundgleichung so kombiniert, daß aus einer *einzigen Gleichung*, die nur noch die Zusammensetzung der Verbrennungsgase berücksichtigt, unmittelbar die Verbrennungstemperatur berechnet werden kann.

c) Als eleganteste Methode ist jedoch das *zeichnerische Verfahren* mit Hilfe des i,t-Diagramms der Verbrennung anzusehen. Man zeichnet in ein Diagramm, das als Abszisse die Temperatur, als Ordinate den Wärmeinhalt der Verbrennungsgase in kcal/Nm³ Brenngas hat, die Kurve für die Änderung der Enthalpie mit der Temperatur ein. Zu diesem Zweck berechnet man für einige Temperaturen, z. B. 500/1000/1500° C die Enthalpie. Nunmehr trägt man auf der Ordinate den Heiz-

wert und die Wärmemenge für eine etwaige Vorwärmung ein, zieht eine Horizontale
bis zum Schnitt mit der Kurve und liest im zugehörigen Abszissenpunkt unmittelbar die Verbrennungstemperatur ab (Abb. 3).

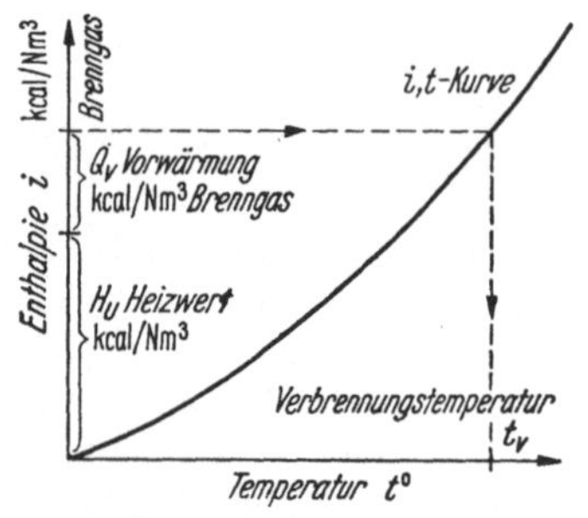

Abb. 3. Graphische Ermittlung von Verbrennungstemperaturen mit Hilfe des
i,t-Diagramms der Verbrennung.

Der Rechnungsgang — gleich nach welchem
der drei Verfahren — ist bis zu Verbrennungstemperaturen von *höchstens etwa 1500° C zulässig.*
Bei höheren Verbrennungstemperaturen wirkt die
sogenannte *thermische Dissoziation* von Kohlendioxyd und Wasserdampf erniedrigend. Grundsätzlich können alle drei Verfahren wieder angewandt werden, sind aber entsprechend abzu-
wandeln; der Rechnungsgang wird verwickelter.
Einzelheiten sind im Sonderschrifttum nachzulesen [z. B. 5].

E. Wärmeübertragung.

1. Grundlagen der Wärmeübertragung. Das oberste *Grundgesetz* der Wärmeübertragung von einem beliebigen Körper auf einen anderen leitet sich daraus ab,
daß ein gewissermaßen als treibende Kraft wirkender *Temperatur-Unterschied*
zwischen den beiden Körpern vorhanden sein muß; dann „fließt" Wärme vom
wärmeren zum kälteren Körper. Dieses Grundgesetz läßt sich durch die Formel
ausdrücken:

$$Q = k \cdot \varDelta t \cdot F \cdot z \text{ kcal.} \tag{28}$$

Q übertragene Wärmemenge in kcal, F wärmeübertragende Fläche in m²,
$\varDelta t$ Temperaturunterschied in °C, z Zeit in h,
k Faktor oder unter bestimmten Voraussetzungen eine Konstante, die Wärme-
   übertragungszahl.

Dieser Faktor bzw. die Konstante hat je nach der Art der Wärmeübertragung
verschiedene Bezeichnungen an Stelle von k.

Innerhalb eines Stoffes oder zwischen zwei sich berührenden Stoffen fließt
Wärme von den Stellen höherer Temperatur zu jenen niedriger Temperatur durch
Wärmeleitung. In reiner Form tritt die Wärmeleitung bei ruhenden Stoffen auf;
sie ist daher am besten an festen Stoffen zu beobachten. Bei der Wärmeleitung
nimmt der Faktor k die Form λ/s an, worin λ die *Wärmeleitzahl* und s die *Dicke*
(Wandstärke) des wärmeleitenden Körpers in der Richtung der Wärmeströmung ist.

Bei flüssigen und gasförmigen Stoffen, die ja strömungsbefähigt sind, wird sich
das Medium unter dem Einfluß von Temperatur-, Dichte- oder Druckunterschieden
strömend bewegen. Die strömende Bewegung eines Mediums (Flüssigkeit, Gas) längs
einem anderen (festen) Körper bewirkt eine andere Art der Wärmeübertragung
durch die Trenn- oder Grenzfläche: die *Wärmemitführung* oder *Konvektion.* Man
könnte die Wärmeleitung gewissermaßen als Konvektion bei der Bewegungsgeschwindigkeit null ansehen.

Man spricht von *freier Konvektion,* wenn die Bewegung lediglich durch den Auf-
trieb entsteht; von *erzwungener Konvektion,* wenn man sie durch zusätzliche Trieb-
kräfte hervorruft.

Bei der *Konvektion ist k* gleichzusetzen α, der *Wärmeübergangszahl.*

Es gibt noch eine dritte, wegen ihrer Abhängigkeit von höheren Potenzen der
Temperatur, insbesondere bei sehr hohen Arbeitstemperaturen besonders wirk-
same Art der Wärmeübertragung: die *Wärmestrahlung.* Sie ist nicht, wie die Wärmeleitung und die Konvektion, massegebunden, sondern geht auch durch das Va-

kuum (luftleerer Raum). Dabei ist der Faktor k gleichzusetzen der *Strahlungszahl* α_{Str}.. Alle warmen festen Körper zeigen eine *Eigenstrahlung*. Aber auch heiße Gase können strahlen: Luft und andere zweiatomige Gase nicht, dagegen von den Verbrennungsgasen das *Kohlendioxyd* und der *Wasserdampf*. Die auf Körper auftreffende Wärmestrahlung wird zum Teil *absorbiert* (aufgenommen, Erwärmung des getroffenen Körpers), zum Teil *reflektiert* (zurückgeworfen, z. B. Spiegelung). Ein fester Körper, der alle Wärmestrahlen vollkommen absorbieren würde, wird als *abolut schwarzer Körper* bezeichnet. Seine temperaturabhängige Eigenstrahlung liefert das Vergleichsmaß für die Wärmestrahlung anderer Körper. Einzelheiten über dieses in seinen wissenschaftlichen Grundlagen und Theorien recht schwierige Gebiet und seine nicht immer leicht erfaßbaren Begriffe sind im Sonderschrifttum nachzulesen [6].

Zur Beeinflussung der Wärmeübertragung im Sinn einer möglichst starken Wärmeübertragung hat man gemäß Gl. (28) das Mittel eines großen Temperaturunterschiedes. Weitere Mittel liefert die Beeinflussung des Faktors k. Bei der Wärmeleitung strebt man nach dünnen Wänden,

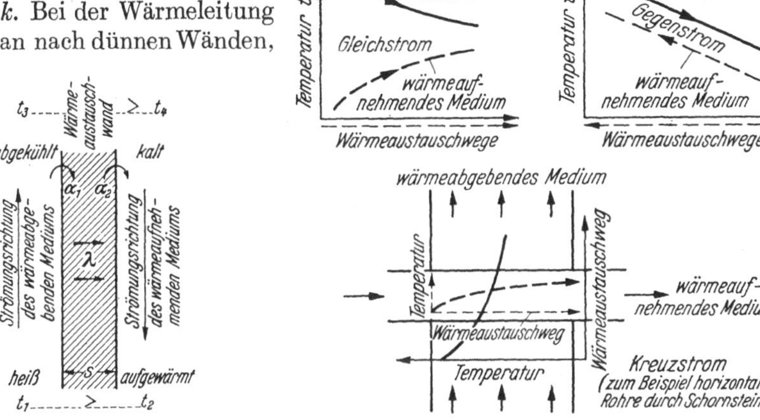

Abb. 4. Schematische Darstellung des Wärmedurchgangs.

Abb. 5. Schematische Darstellung des Gegen-, Gleich- und Kreuzstroms bei konvektivem Wärmeaustausch.

bei der Konvektion erhöht man die Bewegungsgeschwindigkeit des strömungsbefähigten Mediums, bei der Strahlung bleibt lediglich die Temperatursteigerung.

Eine technisch wichtige Art der Wärmeübertragung bietet sich im *Wärmedurchgang*, der bei der Vorwärmung von Gasen eine Rolle spielt. Es handelt sich um einen im wesentlichen konvektiven Wärmeübergang von einem strömenden Stoff (z. B. heißes Abgas eines Ofens) auf eine feste Wand (Eisen), Wärmeleitung durch diese Wand und wieder im wesentlichen konvektiven Wärmeübergang von der anderen Seite der Wand auf einen dort vorbeiströmenden zweiten, kalten Stoff (z. B. kalte, vorzuwärmende Luft). Für den Wärmedurchgang gilt wieder Gl. (28), nur nimmt der Faktor k den Wert

$$k = \frac{1}{\dfrac{1}{\alpha_1} + \dfrac{s}{\lambda} + \dfrac{1}{\alpha_2}} \tag{29}$$

an. Die Verhältnisse bei diesem technisch wichtigen Vorgang sind in Abb. 4 schematisch-graphisch dargestellt.

2. Wärmeaustauscher. Die Wärmeübertragung als Wärmedurchgang von einem strömenden Stoff über eine feste Trennwand auf einen anderen (z. B. Abb. 4) bildet eine Art des Wärmeaustausches zwischen strömenden Stoffen, und zwar den *rekuperativen Wärmeaustausch.* Die ihn bewirkenden Apparate heißen *Rekuperatoren.* Je nach den gegenseitigen Richtungen der Strömungen, die die beiden Medien längs der Trennwand einnehmen, unterscheidet man, wie in Abb. 5 dargestellt ist,

Gegenstrom — Gleichstrom — Kreuzstrom

Für die gasbeheizten Werkstattanlagen ist der Gegenstrom in der Regel am zweckmäßigsten und wirkungsvollsten.

Bei sehr hohen Arbeitstemperaturen, wie sie zum Beispiel in Hochöfen, Siemens-Martin-Öfen, Glasschmelzöfen und Kokereiöfen auftreten, ist eine andere Art von Wärmeaustauschern zur Vorwärmung der gasförmigen Medien gebräuchlich: die *Regeneratoren (regenerativer Wärmeaustausch).* Sie enthalten einen mit Gitterwerk aus wärmespeicherndem, feuerfestem Material gefüllten Wärmeaustauschraum. Das Gitterwerk bietet ohne großen Widerstand ausreichend freien Strömungsquerschnitt. Das heiße Medium (Abgas) strömt in einer Richtung unter Wärmeabgabe an das Speichermaterial durch den Regenerator. Sobald genügend hohe Temperaturen erreicht sind, wird der Abgasstrom abgestellt und auf den Luftstrom umgestellt. Die kalt eintretende Luft strömt nun in entgegengesetzter Richtung durch den Regenerator und erwärmt sich. Sobald die Temperatur im Speicherwerk infolge der Wärmeabgabe an die Luft zu stark gesunken ist, wird wieder auf den Abgasstrom umgestellt.

Die in den Kosten teureren und im Betrieb schwierigeren Regeneratoren werden mehr und mehr von der rekuperativen Arbeitsweise abgelöst. Gewisse Schwierigkeiten bei den sehr hohen Temperaturen entstehen den Rekuperatoren hinsichtlich des Materials und der Abdichtung.

II. Die Ofenbaustoffe.

A. Arten der Ofenbaustoffe.

Bei den in Werkstättenbetrieben gebrauchten gasbeheizten Einrichtungen handelt es sich, so weit nicht Sonderanwendungen vorliegen, um Industrieöfen von gewöhnlich geringer oder mittlerer Größe.

Industrieöfen bestehen aus *keramischen Baustoffen* als wichtigstem Baumaterial, außerdem aus *Beton* für die Fundamente und aus *metallischen Teilen.*

Entsprechend den vielfach auftretenden hohen Temperaturen, die stellenweise 1000° C stark überschreiten können, nehmen von den keramischen Baustoffen die *feuerfesten Stoffe* einen sehr breiten Raum ein. Sie müssen den stärksten Beanspruchungen aller Ofenbaustoffe in thermischer, chemischer und mechanischer Hinsicht widerstehen. Die Baustoffe für die Wärmeisolierung, die *Dämmstoffe,* wie man neuerdings sagt, gehören auch meist zur feuerfesten Gruppe.

Feuerfeste Baustoffe werden nach DIN 1061 als solche gekennzeichnet, die einen Kegelschmelzpunkt nicht unter *Segerkegel* (SK) Nr. 26 aufweisen. Zur Verbindung der Steine usw. werden feuerfeste Mörtel, Anstrichmassen und Stampfmassen gebraucht. Sie sind ungeformte Gemische der feuerfesten Stoffe in körniger oder pulveriger Form. Sie sind als Ganzes ebenfalls feuerfest und zeigen Bindevermögen.

Die *Segerkegel* sind pyramidenförmige Gebilde, die bei einer bestimmten Temperatur erweichen; wenn sie mit ihrer Spitze den als Unterlage dienenden Boden des Erhitzungsraums berühren, wird die dabei herrschende Temperatur als „*Schmelzpunkt*" bezeichnet. Die Höhe des Schmelzpunktes hängt von der Beschaffenheit der Ofenatmosphäre und von der Erhitzungsgeschwindigkeit ab. Werden sie nicht genau nach Vorschrift eingehalten, findet man zu niedrige Werte. Tabelle 11 bringt die den verschiedenen Segerkegeln entsprechenden „Schmelztemperaturen", die man besser als Erweichungstemperaturen bezeichnen würde.

Tabelle 11. *Schmelz- bzw. Erweichungstemperaturen t_{SK} von Segerkegeln.*

SK-Nr.	t_{SK}	SK-Nr.	t_{SK}	SK-Nr.	t_{SK}	SK-Nr.	t_{SK}
022	600° C	07a	960° C	9	1280° C	28	1630° C
021	650	06a	980	10	1300	29	1650
020	670	05a	1000	11	1320	30	1670
019	690	03a	1020	12	1350	31	1690
018	710	03a	1040	13	1380	32	1710
017	730	02a	1060	14	1410	33	1730
016	750	01a	1080	15	1435	34	1750
015a	790	1a	1100	16	1460	35	1770
014a	815	2a	1120	17	1480	36	1790
013a	835	3a	1140	18	1500	37	1825
012a	855	4a	1160	19	1520	38	1850
011a	880	5a	1180	20	1530	39	1880
010a	900	6a	1200	—	—	40	1920
09a	920	7	1230	26	1580	41	1960
08a	940	8	1250	27	1610	42	2000

B. Eigenschaften.

1. Einflüsse auf das Ofenmaterial. Die für einen bestimmten Verwendungszweck erforderlichen *Eigenschaften der Ofenbaustoffe* werden durch die dabei auftretenden *Beanspruchungen* bestimmt. Die äußeren Einflüsse, die die Festigkeit vermindern und die Haltbarkeit oder Lebensdauer eines Ofens verkürzen, sind:

Anspruch an den Baustoff

a) Hohe Temperatur . . . . Schwerschmelzbarkeit

b) Temperaturschwankungen . . . . Temperaturwechselbeständig-
keit

c) chemische Einflüsse:
   1. von Oxyden, Schwefelverbindungen und Schlacken
   2. von Sauerstoff und anderen Gasen oder Dämpfen in der Hitze   Widerstandsfähigkeit gegen chemische Einflüsse
   3. von Wasser und seinem Dampf

d) Explosionen und die damit verbundenen Drücke und Druckwellen . . . . Standhaftigkeit in der Hitze

e) mechanische Beanspruchungen durch bewegte feste Stoffe   Abriebfestigkeit

f) übermäßige Belastung von Gewölben und Seitenwänden

g) Nachgeben der Fundamente . . . .   mechanische Festigkeit

An weiteren Eigenschaften, die die feuerfesten Baustoffe aufweisen müssen, seien genannt:

   ausreichende Dichte (die mit der mechanischen Festigkeit zusammenhängt)

   Raumbeständigkeit (damit die Öfen dicht bleiben),

   Wärmedämmungsvermögen (damit die Wärmeverluste nach außen gering bleiben)

und

   angemessener Preis (niedrige Kosten).

Es gibt keinen Baustoff, der alle diese Forderungen gleichzeitig erfüllt. Man muß also einen „goldenen" Mittelweg einschlagen und dabei jene Forderungen bevorzugen, die im Einzelfall gerade wichtig sind.

2. Arten und Zusammensetzung der feuerfesten Materialien. Man kann die *Steinsorten* nach den *Rohstoffen* einteilen, die sie zusammensetzen:

a) *Kieselsäure* (SiO_2) ist in fast allen Steinen enthalten, wenn auch in verschiedenen Anteilen, am reinsten in den Silikatsteinen, die zu 93···97% aus SiO_2 bestehen und als Bindemittel Kalk enthalten.

b) *Tonerde* (Al_2O_3) tritt oft gemischt mit Kalkstein, Sand und Eisenoxyd auf. Ton-steine bestehen aus nicht vorgebranntem, feuerfestem Ton. Schamottesteine enthalten als Magerungsmittel vorgebrannten, feuerfesten Ton (Schamotte) und feuerfestes Bindemittel; die Zusammensetzung zeigt als Hauptbestandteile $20\cdots45\%$ $Al_2O_3 + 75\cdots50\%$ SiO_2. Quarz-Schamottesteine sind kieselsäure-reicher; hochtonerdehaltige Steine enthalten mehr als 50% Al_2O_3 bis zu fast reiner Tonerde (z. B. Korund).

c) *Magnesit* (gebrannt MgO) ist ein hochfeuerfestes, nichtsaures (basisches) Material, das durch Totbrennen als Sintermagnesit anfällt und zu den feuerfestesten Ma-terialien gehört. Durch Zusätze, wie vor allem Chromerz, wird insbesondere die Temperaturwechselwiderstandsfähigkeit verstärkt.

d) *Chromerze* (siehe c) und andere Metalloxyde und Erden, dazu in kleineren Mengen Zusätze von Kalk und Alkalien.

e) *Kieselgur* und *Molarerde* für Isoliersteine.

f) *Siliziumkarbid* und *Kohlenstoff* für sehr hohe Temperaturen.

Für die Praxis ist zu beachten, daß *Silikatsteine* beim Erhitzen durch innere Um-wandlungen *wachsen* (sich ausdehnen), während *Schamottesteine* im Feuer *schwin-den* (sich zusammenziehen). Ferner ist auf eine etwaige chemische Reaktion zwi-schen verschiedenen Steinen bei den hohen Temperaturen zu achten; so reagieren z. B. die (sauren) Silikatsteine mit dem (basischen) Dolomit, einer Magnesiumoxyd-Calciumoxyd-Doppelverbindung.

Isoliersteine (*Feuerleichtsteine*) werden aus den gleichen Rohstoffen hergestellt wie die anderen feuerfesten Steine. Zur Erzielung einer *hohen Porosität*, die die Wärmeleitfähigkeit verringert, fügt man gas- oder schaumerzeugende Mittel bei, die beim Brennen verschwinden.

Zur Verbindung der Steine und zum Ausfüllen von Fugen u. dgl. dienen die *Mörtel* und *Stampfmassen*, wieder hergestellt aus den gleichen Rohstoffen, jedoch versetzt mit Bindemitteln und anderen Zuschlägen, die das Sintern begünstigen.

3. Wärmedämmstoffe im besonderen. Da die *Wärmeisolierung* von Öfen und verwandten Einrichtungen eines der passiven Mittel zur Einsparung von Brenn-stoffen ist, sollen die dafür benutzten Stoffe besonders behandelt werden. Für im allgemeinen *niedrige und mittlere Temperaturen* gibt es verschiedene *ungeformte Dämmstoffe*. Die obere Grenze ihrer Anwendungstemperaturen beträgt z. B. für

Seide	rd. 70° C	Schlackenwolle	rd. 650° C
Kork	rd. 100° C	Asbest	rd. 800° C
Glasfasern	rd. 450° C		

Für *höhere Temperaturen* bevorzugt man *geformte Isoliermassen, Isoliersteine*, die man je nach der Art der Verwendung in folgende Gruppen einteilen kann:

a) Isoliersteine bis zu *Temperaturen von 700 bis 1000° C*: alle Kieselgursteine. Sie dienen ausschließlich zur Außenisolierung. Kieselgur besteht aus 90 bis 95% SiO_2, 4 bis 5% Al_2O_3, rd. 1% Fe_2O_3.

b) Isoliersteine für *Temperaturen bis zu 1200 bis 1400° C*: feuerfeste Isoliersteine, die aus Schamottemassen oder aus reinster Kieselgur (Sondersteine) herge-stellt werden. Sie können bei Öfen mit mittleren Arbeitstemperaturen un-mittelbar zur Ofenausmauerung benutzt werden.

c) Isoliersteine für *Temperaturen von 1500° C und darüber*: Hierzu gehören poröse Silikasteine und hochfeuerfeste Leichtsteine aus Sillimanit- und Mullitmassen. Sillimanit ist ein Tonerdesilikat der Zusammensetzung $Al_2O_3 \cdot SiO_2$ und geht beim Erhitzen in Mullit, $3 Al_2O_3 \cdot 2 SiO_2$, und Silika (SiO_2) über. Die feuerfesten Isoliersteine aus Sillimanit bestehen aus $\sim 33\%$ SiO_2 und $\sim 64\%$ Al_2O_3 + TiO_2. Feuerfeste Hochtemperaturisoliersteine aus Mullit enthalten $\sim 26\%$ SiO_2 und $\sim 72\%$ Al_2O_3.

Bei der Wärmeschutzisolierung von gasbeheizten Öfen ist die Art der *Betriebsweise* zu beachten. Im *Dauerbetrieb* über mindestens mehrere Tage oder Wochen und noch länger arbeitende Öfen sollen in *schwerer Bauart* mit sehr guter Isolierung ausgeführt werden, weil die *Speicherwärme* des Ofenmaterials für die ganze Betriebszeit nur einmal aufgewendet werden muß; die *Wandverluste* je Zeiteinheit können dann sehr niedrig gehalten werden. Hingegen ist bei *kurzzeitig periodisch betriebenen Öfen*, die täglich etwa nur 8 Stunden laufen, eine *leichtere Bauart* zu wählen, da die Speicherwärme in jeder Pause bei der Abkühlung weitgehend verloren geht und beim Anheizen wieder aufgewendet werden muß.

4. Wärmetechnische Eigenschaften der nichtmetallischen Ofenbaustoffe. Diese Eigenschaften sind für einige typische Ofenbaustoffe dieser Art in Tabelle 12 zusammengestellt. (Tabelle 12, s. S. 28/29).

5. Metallische Baustoffe. Von Metallen, die in industriellen Öfen allgemein für Gleitschienen, Herdplatten, Ketten, Muffeln, Bewehrungen, Verkleidungen, Türrahmen und Türschwellen benutzt werden, sind als die billigsten *Gußeisen* und *kohlenstoffhaltige Stähle* zu nennen. Für metallische Teile, die *hohen Temperaturen* ausgesetzt sind, benutzt man *Legierungen*, zum Beispiel: Nickel-Chromverbindungen.

C. Praxis der Verwendung feuerfester Stoffe.

Beim praktischen Gebrauch feuerfester Stoffe soll man nach [7] folgendes beachten:

a) Da die Witterung die Materialien, insbesondere Magnesit, ungünstig beeinflußt, sollen sie geschützt und trocken gelagert werden.

b) Für die Auswahl der Steine nach Art und Güte gelten die im Betrieb zu erwartenden Beanspruchungen.

c) Zu jeder Steinart gehört ein bestimmter Mörtel, bei Verwendung ungeeigneten Mörtels kann das feuerfeste Mauerwerk zerstört werden.

d) Es muß sorgfältig und mit engen Fugen vermauert werden.

e) Schon beim Vermauern müssen die Eigenarten des Baustoffs und sein Betriebsverhalten berücksichtigt werden. Die Dehnfugen nehmen die Wärmeausdehnung der Steine auf.

f) Die Fugen sind mit Mörtel vollständig und gleichmäßig auszufüllen.

g) Da roh zugehauene Steinflächen schlecht aufeinander aufliegen und ungleichmäßige und breite Fugen zur Folge haben, sind nur passende Formsteine zu verwenden.

h) Eine etwaige gegenseitige chemische Beeinflussung von verschiedenem, jedoch benachbart liegendem Material muß durch neutralisierende Zwischenschichten ausgeglichen werden.

i) Um die Haltbarkeit eines Ofens zu verlängern, muß man ihn vorsichtig austrocknen, langsam und gleichmäßig hochheizen. Dabei ist die Wärmedehnung an sich, aber auch verschiedene Wärmedehnung verschiedener Stoffe zu berücksichtigen.

k) Der Ofen ist so zu betreiben, daß die Baustoffe nicht über ihre Grenzen hinaus beansprucht werden. Auftretende Schäden sind mit dem richtigen Material sofort zu beheben.

Tabelle 12. *Einige wärmetechnisch wichtige*
(vorwiegend nach [7] KOPPERS

	Raumgewicht (einschl. Porenvolumen) kg/m³	Wahres spezifisches Gewicht der Masse kg/m³	Porosität %	Schmelz- oder Erweichungs- temperatur ° C	Feuerfestig- keit SK
Backsteine	1650···2000		25···30		gering
Isoliersteine — einfache Güte	400···900		65···80		gering
Isoliersteine — mittlere Güte	700···1200		50···70	1650···1740	29···33
Isoliersteine — hochfeuerfest	1000···1400		rd. 70	1920	40
Schamottesteine — einfache Güte	1800···1950	2500···2700	28···30	1690	31
Schamottesteine — hochwertige Güte	1850···1950	2500···2700	25···28	1750	34
Silikasteine	1700···1850	2320···2450	25···28	1710	32
Magnesitsteine	2700···2900	3500···3650	17···22	> 2000	hochfeuerfest
Chrommagnesitsteine	2850···3000	3800···3900		2000	,,
Siliziumkarbidsteine	2350	3000···3150	20···22	2000	,,
Kohlenstoffsteine	1350···1420	1950···2050	20···25	3000	,,

Anmerkung: Die freien Felder sollen dem

Eigenschaftswerte nichtmetallischer Ofenbaustoffe

Handbuch, 3. Aufl., Essen 1953)

Obere Gebrauchstemperatur	Mittlere spezifische Wärme		Wärmeleitzahl λ kcal/m h °C					Verwendung als
	Temperaturbereich	$\bar{c}$	bei °C					
°C	°C	$\dfrac{\text{kcal}}{\text{kg °C}}$	300	500	700	900	1100	
700 (···800)								Außenmauerwerk, mäßig warme Abhitzekanäle
1000			0,14	0,17				Wärmeisolierung unter 1000° C (oft nur bis 700° C)
1300···1350			0,25	0,30	0,37	0,45	0,53	Wärmeisolierung bei mittleren Temperaturen oberhalb 1000° C und Innenausmauerung
rd. 1700					0,28	0,33	0,39	Wärmeisolierung von Öfen mit Temperaturen von 1900° C und Ofenausmauerung bis 1700° C
1250···1300			0,90	0,96	1,01	1,03	1,04	Innenmauerwerk von Öfen bei mittleren Temperaturen
1400			0,81	0,86	0,89	0,92	0,93	Innenmauerwerk von Öfen bei höheren Temperaturen
1300···1350			1,13	1,26	1,38	1,48	1,58	Innenmauerwerk von insbesondere Koksöfen bei mittleren und hohen Temperaturen
1600···>1700			9,8	7,1	5,3	4,0	3,1	schlackenbeständige Ofenauskleidung
>1700								schlacken- und feuerbeständige Ofenauskleidung
1300···1450			15,4	13,1	11,2	9,7	8,6	mechanisch beanspruchter oder gut wärmeleitender Ofenwandbaustoff
			6,8	6,3				Baustoff bei Berührung mit flüssigen Medien (Schlacken, Metallen) bei hohen Temperaturen

Leser zum Eintragen eigener Werte dienen.

III. Wärmebehandlungsverfahren und Einrichtungen zu ihrer Durchführung.

Die meisten Bezeichnungen bei der Wärmebehandlung stammen von der des *Eisens*. Deshalb sollen einige grundlegende Erscheinungen bei der Wärmebehandlung dieses Metalls besprochen werden.

A. Zustandsformen des Eisens bei verschiedenen Temperaturen.

1. Reines Eisen. Reines Eisen, sogenannter *Ferrit*, wird industriell praktisch nicht benutzt. Gleichwohl beeinflußt es als Komponente der technischen Eisensorten ihre Eigenschaften, so daß man mit seinen Eigenarten bekannt sein muß. Das *reine* Eisen tritt im festen Zustand in *vier verschiedenen Zustandsformen* auf, die in bestimmten Temperaturgebieten beständig sind und bei Änderung der Temperatur ineinander übergehen. Diese vier Zustandsformen und ihre Temperaturbereiche sind:

α-Eisen . . . . unter 768° C
β-Eisen . . . . 768···898° C
γ-Eisen . . . . 898···1401° C
δ-Eisen . . . . 1401···1528° C
Schmelzpunkt . . . . 1528° C

Die *Übergangstemperaturen* von einer Zustandsform in die andere tragen verschiedene Bezeichnungen, je nachdem, ob man sie bei *Erhitzung* oder *Abkühlung* erreicht. Während die Übergangstemperaturen zwischen dem α-Eisen und dem β-Eisen sowie zwischen dem γ-Eisen und dem δ-Eisen davon unabhängig sind, ob erhitzt oder abgekühlt wird, ist der Übergang zwischen dem β-Eisen und dem γ-Eisen verschieden mit der Richtung des Temperaturverlaufs. Die *Übergangstemperatur* liegt bei der *Erhitzung höher* als bei der Abkühlung. Den Unterschied zwischen beiden Temperaturwerten nennt man *Hysteresis*; sie ist umso größer, je rascher sich die Temperatur ändert. Es werden folgende Bezeichnungen gebraucht:

Temperatur °C		Erhitzung		Abkühlung	
		Art der Umwandlung	Temperaturpunkt	Art der Umwandlung	Temperaturpunkt
768		$\alpha \rightarrow \beta$	Ac$_2$	$\beta \rightarrow \alpha$	Ar$_2$
Hysteresis	898	—	—	$\gamma \rightarrow \beta$	Ar$_3$
	909	$\beta \rightarrow \gamma$	Ac$_3$	—	—
1401		$\gamma \rightarrow \delta$	Ac$_4$	$\delta \rightarrow \gamma$	Ar$_4$

2. Industrielles Eisen. Das *industrielle Eisen* besteht aus *Legierungen* oder *chemischen Verbindungen*, auch *Gemischen* oder *Gemengen*, die sich zu einer äußerlich einheitlichen Substanz vereinigen. Am wichtigsten sind die Beziehungen zwischen *Eisen* und *Kohlenstoff*. Als Gegenstück zum reinen Eisen steht auf der anderen Seite die abgesättigte Eisen-Kohlenstoff-Verbindung Fe$_3$C, der *Zementit* mit 6,7% Kohlenstoff. Durch den Zusatz derartiger Substanzen wird der Schmelzpunkt des reinen Eisens erniedrigt. Bei Abkühlung von Schmelzen scheiden sich je nach dem Kohlenstoffgehalt verschiedene Legierungen ab, die, falls hinreichend Zeit zur Umwandlung im festen Zustand besteht, ganz bestimmtes Gefüge zeigen und unter bestimmten Bezeichnungen bekannt sind. Je nach dem Kohlenstoffgehalt ergeben sich im Gleichgewicht folgende Legierungen:

0% C	*Ferrit* (reines Eisen)
0 bis 0,9% C	Ferrit mit wachsenden Mengen *Perlit* (Perlit ist ein Gemenge von Ferrit und *Zementit*)
0,9% C	Perlit (Ac$_1$: 740° C, Ar$_1$: 710° C)
0,9 bis 1,7% C	Perlit + Zementit
1,7 bis 4,2% C	Perlit + Zementit + *Ledeburit* (Ledeburit ist ein Gemenge von *Austenit* und Zementit; Austenit sind Mischkristalle von γ-Eisen und Zementit)
4,2% C	Zementit + Ledeburit
6,7% C	Zementit (chemische Verbindung Fe$_3$C)

Kühlt man im Konzentrationsgebiet des Austenits rasch ab, so bildet sich zum Beispiel *Martensit*. Während der *Austenit* verhältnismäßig *weich* ist, zeigt *Martensit Glashärte*. Erhitzt man ihn längere Zeit auf Temperaturen unterhalb 710° C, dann wird er allmählich wieder weich. Dieses Beispiel zeigt, daß sich je nach der Erhitzungs- und Abkühlungsgeschwindigkeit und je nach der Zeitdauer, die man dem Material läßt, bei einer bestimmten Temperatur zu bleiben, das Gefüge verschieden ausbildet und das Endmaterial hinsichtlich Härte, Sprödigkeit, Zähigkeit usw. verschiedene Eigenschaften hat. Auf diesen Umwandlungen beruhen die Materialbeeinflussungen durch verschiedenartige Wärmebehandlung[1] (siehe die nachfolgenden Erläuterungen).

B. Erläuterung einiger Fachausdrücke [2].

Abgasanlagen: Einrichtung zur Abführung der Verbrennungsgase aus Gasfeuerstätten (siehe dort), beginnend mit dem Abgasstutzen über das Abgasrohr zum Schornstein. Der Abgasstutzen liegt an der Feuerstätte zum Anschluß des Abgasrohres. Das Abgasrohr verbindet die Feuerstätte mit dem senkrechten, die Verbrennungsgase über Dach ins Freie ableitenden Schornstein. Der senkrechte Teil des Abgasrohres heißt Anlaufstrecke. Bei mechanischer Absaugung der Abgase schließt an den Abgasstutzen das Absaugerohr, das die Feuerstätte mit dem Abgassauger verbindet; er führt die Verbrennungsgase durch das hinter ihm liegende Ausblaserohr ins Freie.

Abschrecken: Rasches (plötzliches) Abkühlen eines Werkstücks zur Erzielung eines bestimmten Materialgefüges mit guten Materialeigenschaften.

Anheizzeit: Zeit in Stunden (h) bis zur Erhitzung eines ausgetrockneten Ofens von Raumtemperatur (~ 20° C) auf Betriebszustand.

Anlassen: Erwärmen, nach Härten (siehe dort) bis höchstens 300° C, nach Vergüten (siehe dort) bis etwa 500 bis 700° C zur Beseitigung oder Minderung innerer Spannungen und zur Erhöhung der Zähigkeit. Heißt auch „Nachglühen".

Anlaufen: Bildung dünner Schichten, matt farblos oder gefärbt, auf sonst blanken Metalloberflächen.

---

[1] Vgl. Werkstattbuch Heft 7: H. HERBERS, Härten und Vergüten des Stahles.
[2] Die Erläuterungen sind in Anlehnung an genormte Begriffe verfaßt worden. Einzelheiten und weitere Ausdrücke können nachgelesen werden in:
DVGW-TVR Gas (1950) — Deutscher Verein von Gas- und Wasserfachmännern, Technische Vorschriften und Richtlinien für die Einrichtung und Unterhaltung von Niederdruckgasanlagen in Gebäuden und Grundstücken.
DIN 1910 Schweißen — Begriffe, Schweißverfahren.
DIN 17014 Wärmebehandlung von Eisen und Stahl — Fachausdrücke.
DIN 24201 Industrieöfen — Begriffe.
DIN 50900 Korrosion der Metalle — Begriffe.

Anschlußwert: Während nach DVGW-TVR Gas (1950) darunter der stündliche Verbrauch einer gasbeheizten Einrichtung für die Nennbelastung (siehe „Belastung") an Gas im Gebrauchszustand (siehe dort) mit einem Gebrauchsheizwert (siehe dort) von 3600 kcal/m^3 verstanden und in m^3/h ausgedrückt wird, die Bezeichnung Anschlußwert also einen Normalwert darstellt, ist er nach DIN 24201 die höchste Leistungsaufnahme (= oberer Grenzwert) eines Ofens, hier in kcal/h oder Nm^3/h.

Arbeitstemperatur: Die für einen bestimmten Zweck (Glühen, Schmelzen, Härten usw.) als notwendig erkannte Temperatur innerhalb der betriebsüblichen Schwankungen.

Beizen: Chemische oder elektrochemische (galvanische) Behandlung von Metalloberflächen zum Entfernen unerwünschter Schichten, zur Aufrauhung oder zum Färben.

Belastung: Die einer gasbeheizten Einrichtung in Form des unteren Gasheizwerts in der Zeiteinheit (h, min) zugeführte Wärmemenge (kcal/h oder kcal/min). Sie ergibt sich aus der Gasmenge (Nm^3/h, m^3/h, Nm^3/min, m^3/min) und dem Heizwert Hu unter gleichen Bedingungen (kcal/Nm^3, kcal/m^3). Die Belastung, auf die eine Einrichtung zum gewöhnlichen Gebrauch eingestellt werden soll, heißt Nennbelastung.

Blankglühen: Siehe „Glühen".

Diffusionsglühen: Siehe „Glühen."

Einsatzhärten: Siehe „Härten".

Flammenhärten: Siehe „Härten".

Flugrost: Siehe „Rost".

Gasfeuerstätte: Gasbeheizte Einrichtung, bei der die Verbrennungsgase durch eine Abgasanlage (siehe dort) abgeführt werden. Für Industriebetriebe ist die Bezeichnung nicht ganz eindeutig, weil kleinere Einrichtungen (Öfen), die keineswegs als Gasgeräte (siehe dort) anzusprechen sind, ihre Verbrennungsgase unmittelbar in die Werkshallen abgeben.

Gasgerät: Gasbeheizte Einrichtung, die — bei geringen Abgasmengen oder großen Räumen — die Verbrennungsgase unmittelbar in den Arbeitsraum (ohne Abgasanlage — siehe dort) abgibt.

Gebrauchsheizwert: Unterer Heizwert eines Gases im Gebrauchszustand (siehe dort).

Gebrauchszustand: Zustand eines Gases in Bezug auf Temperatur, Druck und Feuchtigkeitsgehalt am Verwendungsort (zum Beispiel 18° C, 752 Torr, halbgesättigt mit Wasserdampf).

Glühen: Erwärmen und Halten von Werkstücken auf Temperaturen zwischen beginnender Leuchtwirkung (ca. 500 bis 600° C) und der Schmelztemperatur, also im Gebiet des festen Zustands, mit anschließendem, meist langsamem Abkühlen. Je nach dem Sonderzweck des Glühens werden unterschieden: Blankglühen zur Vermeidung oder Entfernung von Oxydschichten auf Metalloberflächen;

Diffusionsglühen (oberhalb Ac$_3$) zum Ausgleich örtlicher Unterschiede in der Zusammensetzung (sehr langsame Reaktion, da in fester Phase);

Grobkornglühen oder Hochglühen (oberhalb Ac$_3$ mit langsamem Abkühlen bis unterhalb Ar$_1$) zur Erzielung eines gröberen Korns, das bessere Bearbeitung ermöglicht;

Lösungsglühen zur Auflösung von Bestandteilen, die sich ausscheiden können;

Normalglühen (wenig oberhalb Ac_3, gegebenenfalls Ac_1 und Abkühlen in ruhender Atmosphäre);

Rekristallisationsglühen im Rekristallisationsbereich zur Wiederherstellung eines bestimmten Gefüges nach Verformung unterhalb dieses Bereichs und Gefügeveränderung;

Spannungsfreiglühen (unterhalb Ac_1, meist unterhalb $650°$ C, mit anschließendem, langsamem Abkühlen) zum Ausgleich innerer Spannungen ohne sonstige wesentliche Beeinflussung des Materials;

Weichglühen (um Ac_1 mit nachfolgendem, langsamem Abkühlen) zur Erzielung eines weichen Zustandes;

Zwischenglühen (zwischen zwei Behandlungs- oder Verarbeitungsstufen) zur Erzielung eines für die zweite Stufe günstigen Zustandes.

Grobkornglühen: Siehe „Glühen".

Härten: Überführung des Gefüges am Rande eines Werkstücks (also oberflächlich) oder bis in den Kern (also durchgreifend) durch bestimmte Wärmebehandlung (siehe dort) ohne chemische Beeinflussung lediglich durch Temperaturänderungen oder nach vorheriger Aufkohlung. Beim Abschrecken wird von einer Temperatur oberhalb A_3 oder A_1 rasch abgekühlt (abgeschreckt). Wird vor dem Abschrecken lediglich die Randschicht eines Werkstücks mit einer Flamme erhitzt, spricht man von Flammenhärten (Oberflächenhärten, Brennhärten). Zur günstigen Beeinflussung des C-Gehalts wird beim Einsatzhärten vor dem Abkühlen durch Glühen oberhalb Ac_1 oder Ac_3 in C abgebenden Mitteln der C-Gehalt in der Randschicht angereichert (Aufkohlung oder Zementieren).

Hitzebeständigkeit: Sammelbegriff für geringe oder kleine Bildung von Zunder (siehe dort) sowie Beständigkeit des Gefüges und ausreichender mechanischer Eigenschaften bei hohen Temperaturen.

Hochglühen: Siehe „Glühen".

Korrosion: Zerstörung von Metallen durch chemische oder elektrochemische Einwirkung der Umgebung. Tritt als Korrosionsmittel Wasser auf, das sich aus Wasserdampf (auch Gasfeuchtigkeit) auf Metalloberflächen flüssig niedergeschlagen hat, spricht man von Schwitzwasserkorrosion.

Leistung: Die in einer gasbeheizten Einrichtung in der Zeiteinheit nutzbar abgegebenen Wärmemenge (kcal/h, kcal/min), zum Beispiel die von Wasser bei der Warmwasserbereitung aufgenommene Wärmemenge (etwa Erwärmung von 15 Liter Wasser in einer Minute von 12 auf $45°$ C: Leistung gleich $(45 - 12) \cdot 15 = 495$ kcal/min). Aus Wirkungsgradgründen ist die Leistung immer kleiner als die Belastung (siehe dort). Die bei Nennbelastung (siehe „Belastung") für den Gebrauchszweck je Zeiteinheit nutzbar abgegebene Wärmemenge heißt Nennleistung.

Lösungsglühen: Siehe „Glühen".

Nachglühen: Siehe „Anlassen".

Nennbelastung: Siehe „Belastung".

Nennleistung: Siehe „Leistung".

Nenntemperatur: Für den ständigen Betrieb eines Ofens zugelassene Temperatur des Nutzraums innerhalb der meßtechnisch üblichen Schwankungen.

Nichtrostender Stahl: Infolge ausreichenden Legierungsgehalts (z. B. mindestens 12% Cr) durch Passivität gegen viele Angriffsmittel beständiger Stahl.

Normalglühen: Siehe „Glühen".

Rekristallisationsglühen: Siehe „Glühen".

Rost: Bei der Korrosion (siehe dort) von Eisen und Stahl durch Sauerstoff-abgebende Stoffe (Luft, Wasser, wässerige Lösungen, Kohlendioxyd) entstehende Eisenoxyde mit Ausnahme von Anlaufschichten (siehe „Anlaufen") und Zunder (siehe dort). Die sich dabei zunächst bildenden ersten und leicht haftenden Schichten heißen Flugrost.

Schutzschicht: Oberflächenschicht von Metallen, die die Korrosion (siehe dort) verlangsamt.

Schweißen: Vereinigung gleichartiger Werkstoffe zu einem gleichartigen Ganzen bei hohen, aber auch gewöhnlichen Temperaturen ohne oder mit gleichzeitiger Zuführung weiteren gleichartigen Werkstoffs.

Schwitzwasserkorrosion: Siehe „Korrosion".

Sicherungen: Einrichtungen an gasbeheizten Anlagen
   a) zur Vermeidung des unzulässigen Ausströmens von unverbranntem Gas oder der Schädigung des Anlagenmaterials durch Überhitzung (Zünd-, Gasmangel-, Wassermangel-, Stromausfallsicherung bei Gebläsen usw.) bzw.
   b) zur Erhaltung einer einwandfreien Verbrennung und Ableitung der Verbrennungsgase (Strömungssicherung, Windschutz).

Spannungsfreiglühen: Siehe „Glühen".

Tempern: Glühen von weißem Gußeisen (oberhalb Ac_1) zur Entkohlung oder Umwandlung der Kohlenstoff-Form (Zerfall von Zementit), damit das Material zäh und hämmerbar wird.

Vergüten: Wärmebehandlung (Härten und Anlassen — siehe dort — bei höheren Temperaturen) zur Erzielung hoher Zähigkeit.

Wärmebehandlung: Werkstücke werden einer Temperatur oder einem Temperaturablauf, festgelegt nach absoluter Höhe, Dauer und Geschwindigkeit der Änderung, unterzogen zur Erzielung bestimmter Werkstoffeigenschaften.

Weichglühen: Siehe „Härten".

Zementieren: Siehe „Härten".

Zunder: Bei hohen Temperaturen in Sauerstoff-abgebender Atmosphäre (Luft, Wasserdampf, Kohlendioxyd) auf Stahloberflächen sich bildende Eisenoxyde.

Zwischenglühen: Siehe „Glühen".

C. Gasbrenner.

1. Einteilung. Nach der *Flammenbildung* (s. S. 12) werden *Leuchtflammen* (oder *Blauflammen*, insbesondere bei kohlenwasserstoffarmen oder -freien Gasen) und *Bunsenflammen* unterschieden, dementsprechend auch: Leuchtflammenbrenner oder Blaubrenner und Bunsenbrenner. Durch geeignete Gestaltung des Brenners am Austritt des Gas-Luft-Gemischs (Brennerkopf) bei Anwendung des Bunsenprinzips (Luftansaugung) oder bemessener Luftzufuhr unter Druck kann der Innenkegel so weit verkürzt bzw. die Verbrennung in den Brennerkopf gezogen werden, daß äußerlich kaum noch eine Flamme zu erkennen ist: *flammenlose Oberflächenverbrennung.* Die Massen des Brennerkopfs kommen dabei ins Glühen. Die Mittel zur Erreichung dieser Verbrennungsart sind enge Strömungswege im Brennerkopf und gegebenenfalls Anwendung verbrennungsbeschleunigender Massen. Ein praktisches Beispiel dieser Art trifft man bei den sogenannten *Infrarot-Strahlern* (z. B. System „SCHWANK"), die für Heiz-, Trocken- und ähnliche Zwecke sich neuerdings stark einführen. Durch Herabsetzung der Reaktionstemperatur unter die Temperatur des beginnenden Glühens (etwa 500° C) mit Hilfe stark katalytisch wirkender Massen kann die flammenlose Oberflächenverbrennung auch ohne sichtbare Leuchtwirkung ablaufen, obgleich die Wärmestrahlung erhalten bleibt (*Tieftemperatur-* oder *Katalytstrahler* GOGAS-Dortmund).

Ferner kann man nach der *Flammenanordnung*, die die bauliche Gestaltung von Brennern bestimmt, unterscheiden in *Einzel-* und *Gruppenbrenner*. Die Gruppenbrenner unterteilen sich in Flach-, Flächen-, Lang-, Topf-, Ring-, Rund-, Kreis-, Kegel-, Schräg-, Mantelbrenner u. a.

Weitere Typen-Unterscheidungsmerkmale geben der *Druck* des Gases bzw. Luft und die Art der *Zuführung* oder *Beimischung* der Verbrennungsluft zum Gas.

Auf Grund aller dieser Kennzeichen hat der Arbeitsausschuß „Industrieöfen" (Dr. E. DUBOIS) folgende *systematische Einteilung der Gasbrenner* vorgeschlagen:

1. *Leuchtflammenbrenner* — Brenner ohne Vormischung von Luft, sondern mit natürlichem Zutritt der gesamten Verbrennungsluft hinter dem Brennermund
   11 Rohrbrenner
   12 Lochbrenner ohne Brennerdüsen
   13 Lochbrenner mit Brennerdüsen

2. *Bunsenbrenner* — Brenner mit teilweiser Luftansaugung und Vormischung
   21 Bunsenbrenner (Einloch-Mündung)
   22 Mekerbrenner (Mehrloch-Mündung)
   23 Küchenherdbrenner mit 1 Gasdüse
   24 Küchenherdbrenner mit 2 Gasdüsen
   25 Lochbrenner ohne Brennerdüsen
   26 Lochbrenner mit Brennerdüsen

3. *Treibdüsenbrenner* — Brenner mit vollständiger Luftansaugung und Vormischung
   31 Treibgasbrenner (Niederdruckgas, Einzeldüse)
   32 Treibgasbrenner (Niederdruckgas, Mehrfachdüse)
   33 Treibgasbrenner (Hochdruckgas, Einzeldüse)
   34 Treibgasbrenner (Hochdruckgas, Mehrfachdüse)
   35 Treibluftdüse

4. *Gebläsebrenner* — Brenner mit Zufuhr von Gas und Luft unter Druck
   41 Parallelstrombrenner ohne Drall
   42 Parallelstrombrenner mit Drall
   43 Kreuzstrombrenner ohne Drall
   44 Kreuzstrombrenner mit Drall
   45 Wirbelstrombrenner (z. B. tangentiale Luftzufuhr)

Unsere Industrie für Gasbrennerbau und Gasofenbau stellt gute Erzeugnisse her. Es wäre unmöglich, im Rahmen einer so kleinen Arbeit wie der vorliegenden *alle* Bauarten zu bringen. In der Wiedergabe oder Besprechung einzelner Erzeugnisse liegt *keine Minderbewertung* der nicht behandelten Bauarten.

2. Leuchtflammenbrenner. Die Leuchtflammenbrenner können in niedrigen Bauhöhen ausgeführt werden, weil die Einrichtungen zur Beimischung von Primärluft wegfallen. Sie sind rückschlagsicher und lassen sich praktisch in allen Grenzen bis zur Vollast verstellen. Sie können überall dort angewandt werden, wo die

Flammen frei in den Raum brennen. Wenn sie gegen feste Materialien schlagen, scheidet sich Ruß ab, was vermieden werden muß (unsauber, Verlust an „Verbrennlichem", Verschlechterung der Wärmeübertragung).

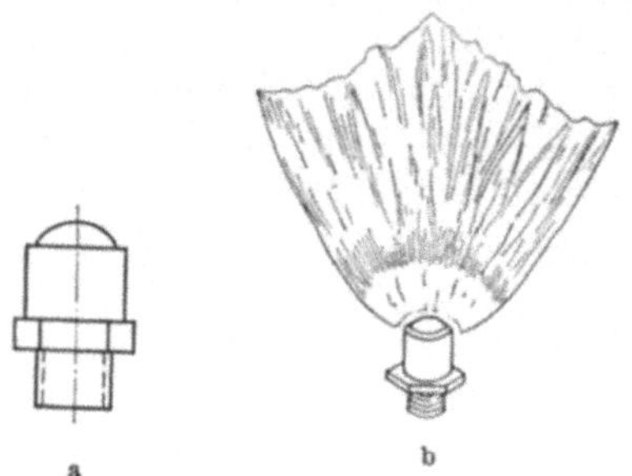

Abb. 6a u. b. Fächerbrenner (Pharos, Hamburg).
a. Natürliche Größe: Gasverbrauch rd.
400···900 l/h bei 60 mm WS Gasdruck.
b. Flammenbildung.

Abb. 7a u. b. Doppelsternbrenner (Pharos, Hamburg).
a. Natürliche Größe: Gasverbrauch rd. 550 l/h
bei 60 mmWS Gasdruck. b. Flammenbildung.

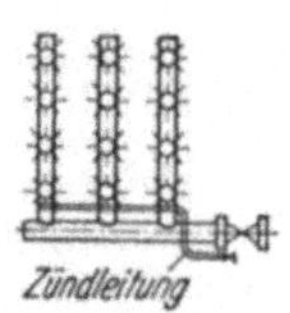

Abb. 8. Reihenbrenner aus
Doppelsternbrennern der Abb. 7.

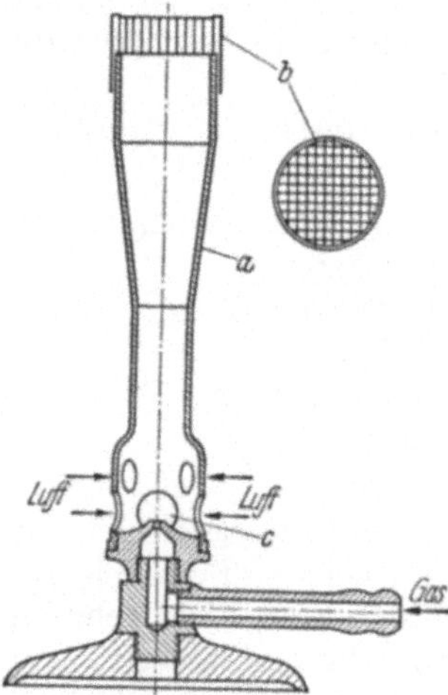

Abb. 6 bis 9 zeigen zwei Typen von *Blaubrennern* und ihre Vereinigung zu Beispielen von *Gruppenbrennern*, die sich je nach der Form der mit Gas zu beheizenden Einrichtung auch anders ausbilden lassen. Die Wärmeleistung steigt entsprechend der Zahl der zum Gruppenbrenner vereinten Einzelbrenner.

3. Bunsenbrenner. Der eigentliche Bunsenbrenner (s. Abb. 1, S. 12) besitzt eine *Einloch-Mündung* und wird industriell kaum benutzt.

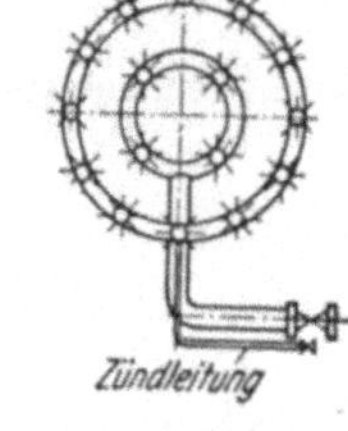

Abb. 10. Meker-Brenner für Niederdruckgas mit Luftansaugung durch Injektorwirkung (Dujardin, Düsseldorf).
a Kamin; b Kappe mit Zellenkörper;
c Injektor.

Abb. 9. Rundbrenner aus
Doppelsternbrennern der Abb. 7.

Er ist vielmehr im wesentlichen auf *Laboratorien* beschränkt. Die industriellen Formen wenden die *Mehrloch-Mündung* (*Meker-Brenner*) in verschiedenen Ausführungen an. Durch die Aufteilung der Brennermündung in viele *Einzelströme* (Zellenkörper) sind die Brenner bei richtiger Bemessung des Einzelkanal-Durchmessers auch dann rückschlagsicher, wenn die gesamte zur Verbrennung notwendige Luftmenge vorher beigemischt wird, wodurch sie bereits zur Gruppe der Treibdüsenbrenner (siehe die obige Einteilung) überleiten.

Abb. 10 zeigt einen *Meker-Brenner*, bei dem in die Brennerkappe ein metallischer *Zellenkörper* eingesetzt ist. Die in dieser Abb. 10 dargestellte Bauart dient für Niederdruckgas (40 bis 60 mm WS) bei *selbsttätiger Luftansaugung* durch *Injektorwirkung*. Zur Verwendung für verschiedene Gasarten wird der Injektor *verstellbar* eingerichtet. Der Maschendurchmesser des Zellenkörpers von Meker-

Brennern (Abb. 11) ist enger bei starkem Luftzusatz (also bei *heizkräftigen* Gasen), ferner bei Brennern, die *zeitweise stark gedrosselt* werden, und schließlich, wenn Gas bzw. Luft unter *höherem Druck* angewandt werden.

Zur *Steigerung der Wärmeleistung im Einzelbrenner* ist *höherer Druck* nötig. Bei *offen brennender Flamme* läßt sich die Wärmeleistung auf das 5fache steigern,

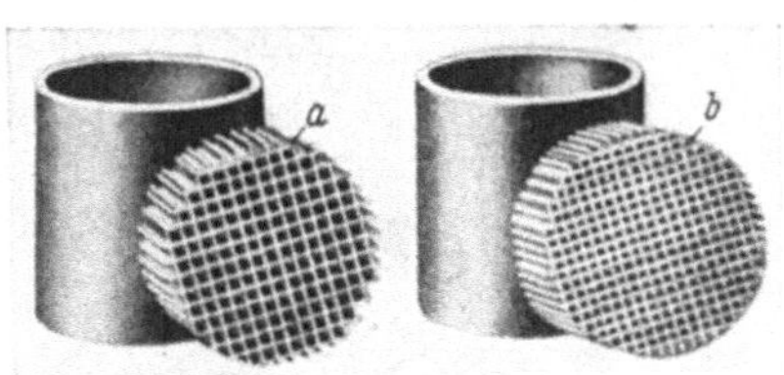

Abb. 11a u. b. Kappe von Meker-Brennern (Dujardin, Düsseldorf). a Normaler Zellenkörper; b Engmaschiger Zellenkörper.

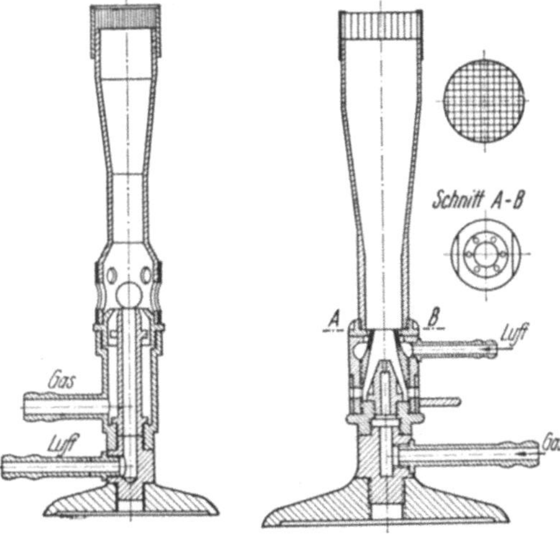

Abb. 12. Meker-Brenner für Preßgas (Dujardin, Düsseldorf).　　Abb. 13. Meker-Brenner für Druckluft und Niederdruckgas (Dujardin Düsseldorf).

wenn entweder das Gasdruck auf 500 mm WS — Brenner siehe Abb. 12 — oder bei Niederdruckgas der Luftdruck erhöht wird (Druckluftbrenner für Luft von 300 bis 2000 mm WS; Preßluftbrenner für Luft von 0,5 bis 2 atü). Brennt die Flamme in einen verhältnismäßig kleinen Raum (z. B. Ofen), ist Steigerung bis zur 10fachen Wärmeleistung möglich (Gasdruck dann für Abb. 12 etwa 1700 mm WS). Die Brennerkonstruktion für erhöhten Luftdruck zeigt Abb. 13.

Die *Einzelbrenner* werden bis zu einem stündlichen Gasverbrauch von etwa 6,5 m³ gebaut. Die Form der Brenner richtet sich nach dem Zweck. Sie ist bei runder Kappe *gerade* oder *pfeifenförmig*. Die Brenner werden auch mit *schlitzförmiger Kappe* gebaut.

Größere Leistungen als die von Einzelbrennern erhält man entweder durch Anordnung mehrerer Einzelbrenner zu einem

Abb. 14. Brennerköpfe aus hitze- und korrosionsbeständigem Material (Pharos, Hamburg).

Brennergestell oder durch Vereinigung mehrerer an einem Injektor angeschlossener Brennerköpfe zu einem *mehrflammigen Brenner*.

Die Aufteilung des Brennerkopfs in viele Einzelkanäle kann auch mit Einsätzen aus keramischem Material erreicht werden. Abb. 14 bringt verschiedene Formen von solchen hitze- und korrosionsbeständigen Brennerköpfen, die für folgende Leistungen geliefert werden:

	Heizwert Hu kcal/m³	Gasdruck mm WS	Gasleistung l/h
Stadtgas (Ferngas)	3800	60	20···1000
Propangas	23000	500	2··· 100
Generatorgas	1000	100	60···3000

Genau wie bei den vorherbesprochenen Meker-Brennern gibt es auch hier zwei Möglichkeiten, die Wärmeleistungen zu steigern. Entweder baut man mehrere

Einzelbrenner (Abb. 15) zu einem *Gruppenbrenner* zusammen oder vereinigt mehrere Brennerköpfe in einem Rundbrenner (Abb. 16) bei gemeinsamem Injektor. Die gebräuchlichen Starkbrenner werden bis zur 8fachen Leistung der Einzelbrenner gebaut.

Eine weitere Brennerbauart dieser Gruppe zur Beheizung von Werkstattöfen (Glüh-, Werkbank-, Härte-, Löt-, aber auch Laboratoriumsöfen) für Temperaturen bis 1400° C ist der *Membran-Gasbrenner* (Abb. 17). Ein kleines Membrangebläse (Stromverbrauch 60 W/h) bläst einen gleichbleibenden, kräftigen Luftstrom durch die Brennerdüse. Das Gebläse besteht aus einem Elektromagnet, der eine auf

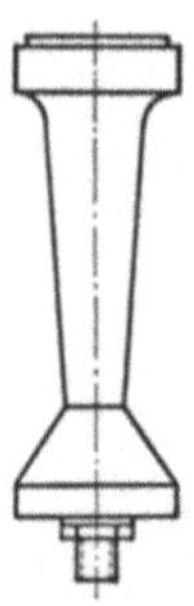
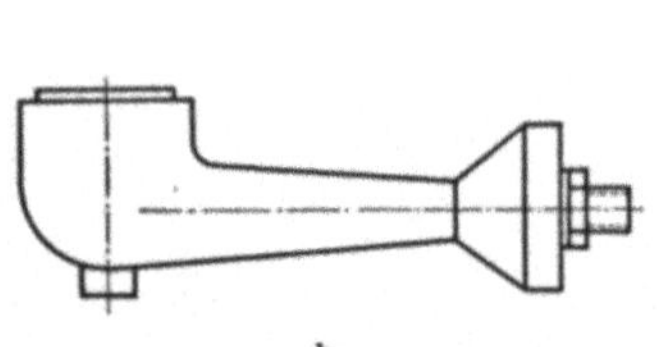

Abb. 15a u. b. Pharos-Brenner (Pharos, Hamburg); können stehend oder liegend angewandt werden. a Gerade Form, b Pfeifenkopfform.

Abb. 16. Rund- bzw. Starkbrenner mit 8 Brennerköpfen (Pharos, Hamburg).

einer Gummiplatte befestigte Eisenscheibe in schnelle Schwingungen versetzt. Der Membran-Gasbrenner wird für folgende Gasarten und Leistungen gebaut:

	Heizwert H_u kcal/m³	Gasleistung m³/h
Stadt- und Ferngas	4000	3,00
Propangas	22250	0,50
Methangas (Erdgas)	8550	1,30
gereinigtes Generatorgas	1300	9,00
Wassergas	2650	5,00
Azetylengas	13350	0,80

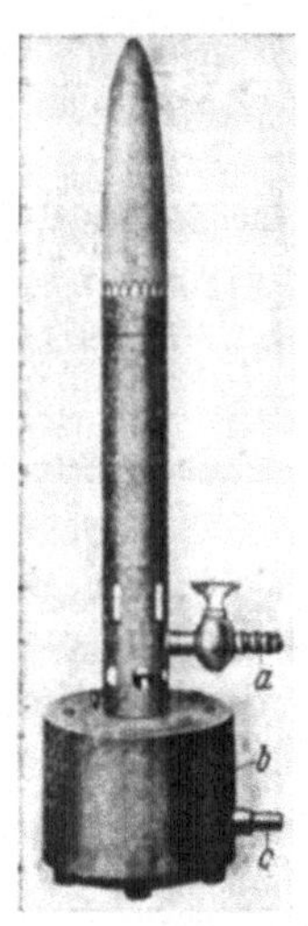

Abb. 17. Membran-Gasbrenner (Wistra, Düsseldorf-Heerdt). *a* Gasanschluß; *b* Membrangehäuse; *c* Stromanschluß.

4. Großbrenner. Unter *Großbrennern* sollen Konstruktionen aus den Gruppen der *Treibdüsen-* und der *Gebläsebrenner* verstanden werden, die zwar auch für kleinere Leistungen gebaut werden, aber lediglich durch Vergrößerung der Abmessungen zu höheren Leistungswerten der Einheit gesteigert werden können. Während bei den *Treibdüsenbrennern* die Luft immer *vorgemischt* wird, ist dies bei den Gebläsebrennern nicht unbedingt nötig. Man kann im Gegenteil durch entsprechende Konstruktion erreichen, daß sich Gas und Luft erst *an der Brennermündung mischen*. Die Brenner werden nach den verschiedenen Verwendungszwecken mit den ihnen eigenen Anforderungen für *kurze*, sehr heiße *Flammen* oder für *lange*, milde *Flammen* gebaut, auch ist Umschaltung möglich (z. B. Brenner der INDUGAS, Essen). Die *Flammenlänge* hängt von der Vermischung des Gases mit der Luft ab. Je rascher vollkommen gemischt wird, desto kürzer und heißer wird die Flamme (siehe auch S. 12). Neuere Bestrebungen gehen dahin, ein vorgemischtes, verbrennungsreifes Gemisch durch Gebläse in den geschlossenen Verbrennungsraum (indirekte Wärmeübertragung) zu befördern und durch die Verbrennung auf kleinem Raum zu sehr hohen Wärmeleistungen zu gelangen (z. B. nach den Vorschlägen von P. SPALECK).

Im folgenden seien einige Brenner aus dieser Gruppe in alphabetischer Reihenfolge der Herstellerfirmen behandelt. Die Übersicht macht keinen Anspruch auf Vollständigkeit.

Die Brenner der Abb. 18 bis 20 knüpfen an das Prinzip der Aufteilung in Einzelströme, wie es den Meker-Brennern eigen ist, an. In *gewöhnlicher Aus-*

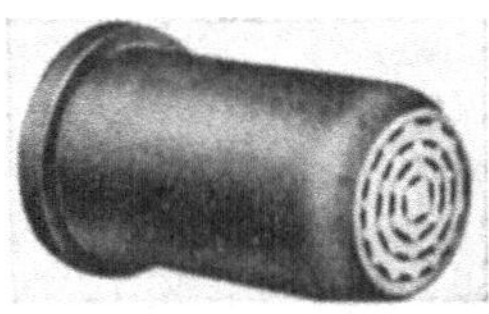

Abb. 18. Gewöhnliche Ausführung eines Niederdruckgasbrenners. (Aichelin, Korntal-Stuttgart).

Abb. 19. Hoga-Brenner (Aichelin, Korntal-Stuttgart).

Abb. 20. Flachbrenner (Aichelin, Korntal-Stuttgart).

führung (Abb. 18) zerlegen auswechselbare vielzellige *Einsätze* das Gemisch von Gas und Luft in wirbelfreie, gut durchlüftete *Einzelströme*. Die Einsätze *wärmen* außerdem das Gemisch *vor*, *kühlen* den Brenner und *verringern* weitgehend die

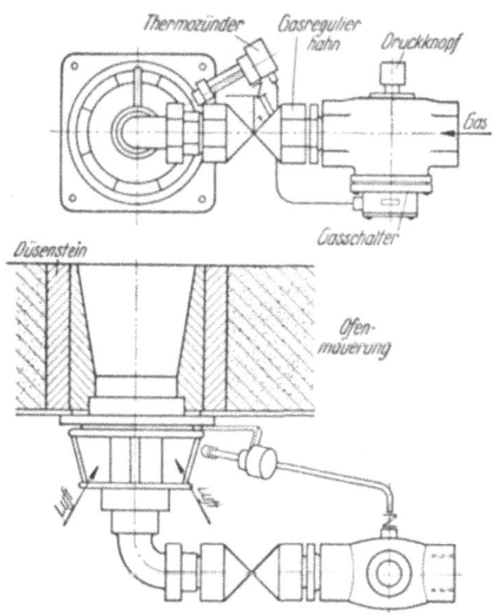

Abb. 21. Treibdüsenbrenner für Niederdruckgas und Luftansaugung (Fulmina, Edingen-Mannheim).

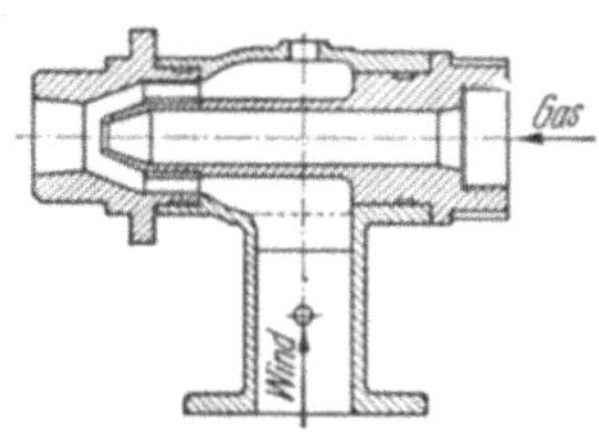

Abb. 22. Gebläsebrenner für Niederdruckgas und Ventilatorluft (Fulmina, Edingen-Mannheim).

Neigung zum *Zurückschlagen*. Bei der *Hochdruckausführung* (Abb. 19 — Gas von 3000 bis 7000 mm WS oder unvollständiges Gas-Luft-Gemisch von 1200 bis 3000 mm WS) wirkt das unter hohem Druck befindliche Medium als Treibstrahl. Bei Treibgas wird die Luft aus dem Raum in zwei Stufen angesaugt. Die Zweitluft kann durch einen Schieber eingestellt werden. In einem Venturi-Rohr werden Gas und die im richtigen Mengenverhältnis angesaugte Luft gemischt und dem eigentlichen Brenner unter Druck zugeführt. Die Flammen sind kurz. Die *Flachbrenner* (Abb. 20) werden angewandt, wenn es die Form der Anlage verlangt. Sie erwärmen den Heizraum sehr gleichmäßig.

Eine technisch einfache und robuste Ausführung industrieller Gasbrenner zeigen die Abb. 21 (*Treibdüsenbrenner* für Niederdruckgas und Ansaugung der Luft frei aus der Umgebung) und 22 (*Gebläsebrenner* für Niederdruckgas 50 bis 100 mm WS und Ventilatorluft 200 bis 300 mm WS). Als Gasflachbrenner ausgeführt ergeben diese Konstruktionen eine fächerförmige Flamme mit großer Strahlungsoberfläche.

Das Prinzip des *Dreikammerbrenners* (Abb. 23) kann für alle nach dem Verwendungszweck notwendigen Arten von Brennerformen (s. S. 35) angewandt werden.

In Abb. 24 ist eine Art *Kreuzstrom-Brenner* (Gebläsebrennertyp) für *kurzflammige* Verbrennung dargestellt, der sich wegen der günstigen Mischbedingungen von Gas und Luft auch für teer- und staubhaltige Rohgase bei Erzielung einer vollkommenen Verbrennung eignet. Der *K-Brenner* läßt sich durch entsprechende Bemessung auch für längere Flammen ausführen. Er ist ferner als *Verbundbrenner* (Gas + Kohlenstaub, Gas + Öl) bekannt. Die

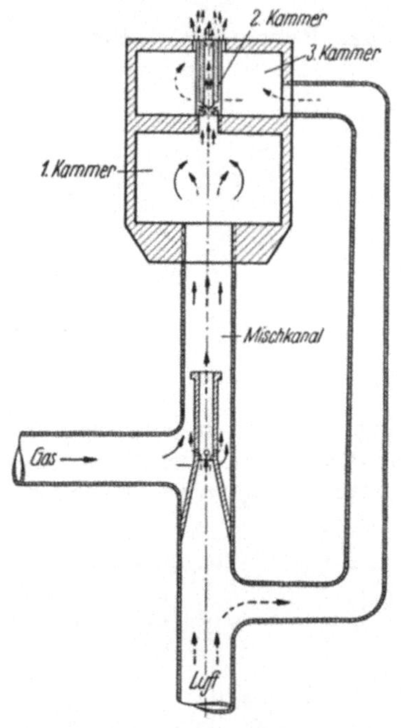

Abb. 23. Schema des Dreikammerbrenner-Prinzips (Küppersbusch, Gelsenkirchen).

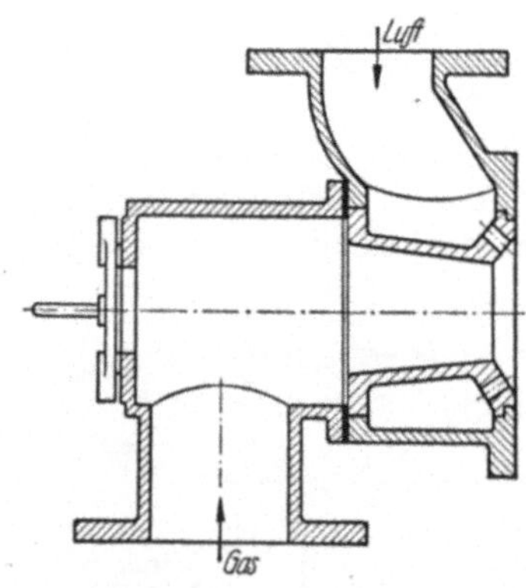

Abb. 24. K-Brenner (Meyerhofer, Mannheim-Waldhof).

stündlichen Gasdurchsätze liegen für Ferngas ($Hu = 4000\ \mathrm{kcal/Nm^3}$) zwischen 4 und 4700 Nm³ bei *kalter* Verbrennungsluft. Bei *Luftvorwärmung* sinken sie, und zwar

bei Luftvorwärmung auf 200° C um rd. 20% der Kaltluft-Zahlen,
  ,,   ,,   ,, 350° C ,, rd. 30% ,,   ,,
  ,,   ,,   ,, 500° C ,, rd. 36% ,,   ,,

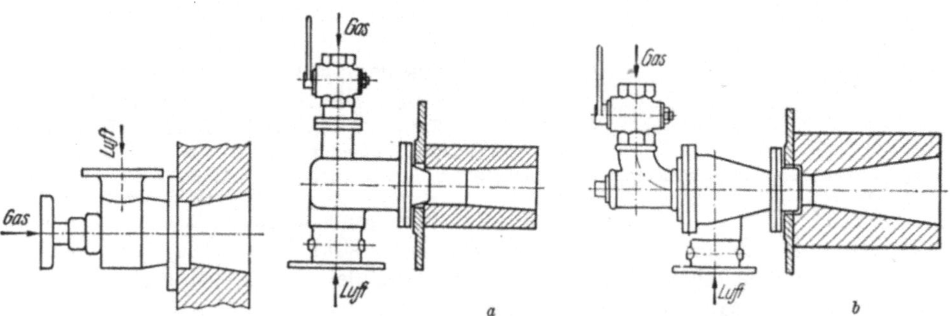

Abb. 25. L-Brenner (Meyerhofer, Mannheim-Waldhof)

Abb. 26 a u. b. Gebläsebrennerausführungen (Ruppmann, Stuttgart).
a. Gebläsebrenner, b. Treibdüsenbrenner.

Wird eine besonders *lange* und *weiche Flamme* verlangt, dann kann der unter Mitwirkung von G. WAGENER entwickelte *L-Brenner* (Abb. 25) benutzt werden, bei dem die Forderung nach gleicher kinetischer Energie für Gas und Luft am Brennermund erfüllt ist.

Der Gasbrenner der Abb. 26 kann als Rund- oder Flachbrenner (*Gebläsebrennertyp, bei Hochdruckgas Treibdüsenbrennertyp*) angewandt werden. Heizgas und Verbrennungsluft werden den Brennern getrennt zugeführt und erst beim Austritt aus dem Brennermund, also ohne Vormischung, in viele Einzelstrahlen zerlegt, die durch gegenseitiges Überkreuzen und Durchschneiden Gas und Luft innig durchmischen.

Der sogenannte *Druckgasbrenner* (Abb. 27) arbeitet mit *Doppeldüsen* für gereinigte Gase aller Art, aber auch für rohes Generatorgas. Er besteht aus einem

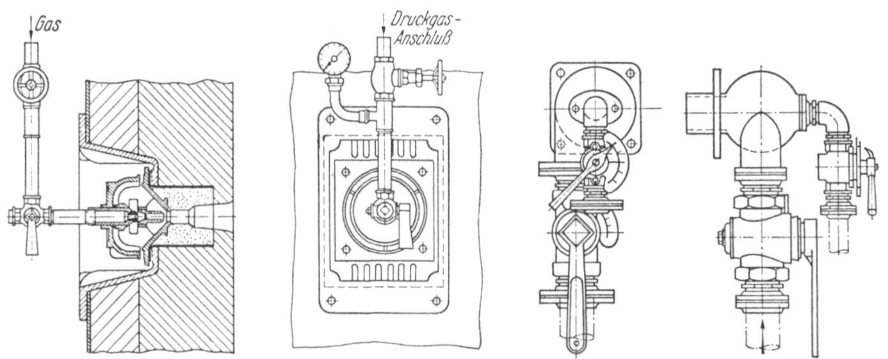

Abb. 27. Druckgasbrenner mit Doppeldüse (Schilde, Bad Hersfeld).   Abb. 28. Kugelgasbrenner (Schmid, Solingen).

gedrängt gebauten *Doppelinjektor*, dessen erste Stufe ganz aus Metall, die zweite im engsten Querschnitt ebenfalls aus Metall, sonst aus hochwertigem keramischem Material gefertigt ist. Die *gesamte Verbrennungsluft* wird in den beiden Stufen aus der Umgebung selbsttätig angesaugt. Gas und Luft werden homogen *vorgemischt* und in einem anschließenden *Verbrennungskanal* unter katalytischer Mitwirkung des Materials verbrannt. Im eigentlichen Arbeitsraum des Ofens ist die Verbrennung bereits abgeschlossen. Die *Regelfähigkeit* dieser Brennerbauart ergibt sich aus folgender Gegenüberstellung:

Gasart	Heizwert Hu kcal/Nm³	ÜblicherBetriebsdruck des Gases mm WS	Untere Regelgrenze mm WS
Hochofengichtgas .	900	100	30
Generatorgas . . .	1200	700	50
Wassergas	2500	5000	100
Stadt- u. Ferngas .	3800/4200	3000/7000	100
Erdgas	8500	15000	200

Die Druckgasbrenner werden bei einem geringer notwendigen Regelbereich auch mit *Einzeldüsen* in luft- oder wassergekühlter Bauart ausgeführt.

Ein Gebläsebrenner mit guter Vormischung infolge tangentialen Eintritts der Luft ist der *Kugelgasbrenner* der Abb. 28.

Eine besonders intensive Durchmischung von Gas und Luft erreicht der *Sternwirbelgasbrenner* (Abb. 29), bei dem die innere Gasdüse sternförmig ausgebildet ist.

Eine für kurz- oder langflammige Verbrennung geeignete Bauart stellt der *Wirbelstrahlbrenner* der Abb. 30 dar. Mit *Drallwirkung im Luftstrom* arbeitet die Ausführung der Abb. 31. —

Für alle Brenner gilt die Regel, daß die bei langer, weicher Flamme gleichmäßigere Temperaturverteilung auch mit den kurzen, straffen und heißen Flammen erzielt werden kann, wenn man anstelle eines großen Brenners die gesamte notwendige Gasmenge auf mehrere kleinere Brenner aufteilt.

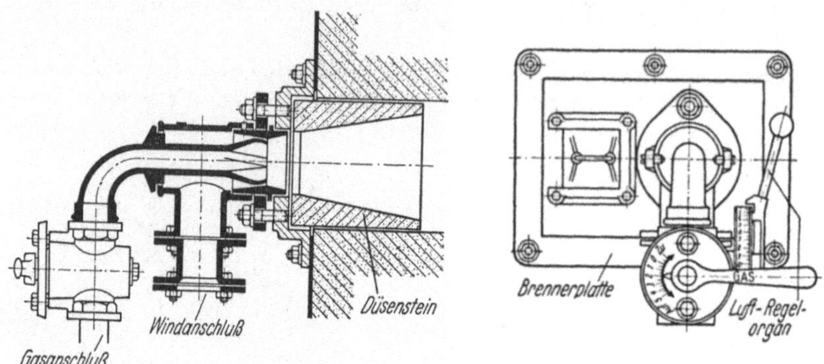

Abb. 29. Hochleistungs-Sternwirbel-Gasbrenner (Dr. Schmitz u. Apelt, Wuppertal).

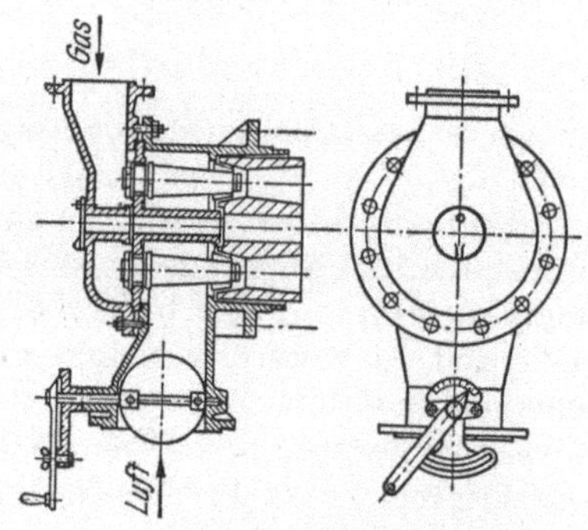

Abb. 30. Wirbelstrahlbrenner (Wistra, Düsseldorf-Heerdt).

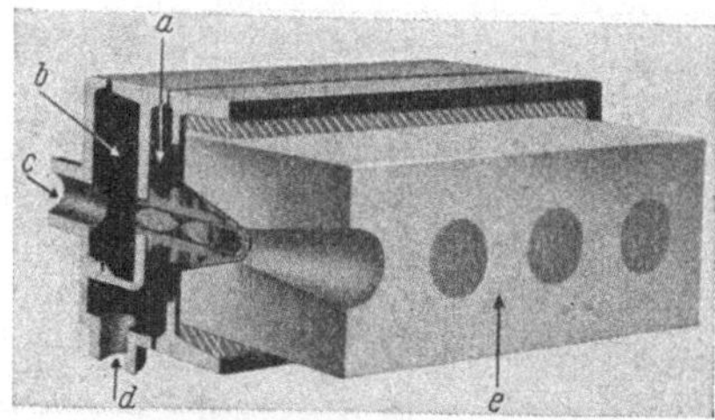

Abb. 31. Wirbelstrahlbrenner (Wistra, Düsseldorf-Heerdt). *a* Gasverteilungskammer; *b* Luftverteilungskammer; *c* Luft; *d* Gas; *e* Brennerstein.

5. Brennerzubehör. Zu jedem Gasbrenner gehören verschiedene Einrichtungsteile, die in ihrer Vollständigkeit erst alle Vorteile des gasförmigen Brennstoffs auszunutzen gestatten. Sie bilden, so weit sie vor dem eigentlichen Brenner liegen, die *Armatur*; dazu sind zu zählen die Absperr- und Regel*hähne* (oder Ventile), die *Mischvorrichtung* bei Gebläsebrennern mit Vormischung, die *Zündvorrichtungen* und die *Sicherungen* gegen unbeabsichtigtes Ausströmen unverbrannten Gases und gegen Überhitzung. Schließlich bilden die *Gebläse* ein wichtiges Zubehör bei Brennern, die ihrer zur Druckerhöhung von Gas oder Luft bedürfen. Vordruckregler gehören eigentlich nicht mehr zum Brennerzubehör. Hinter dem eigentlichen Brenner folgt der *Brenner-* oder *Düsenstein*.

Hier soll lediglich auf die *Mischeinrichtungen* eingegangen werden, denen nicht nur die Aufgabe der Vermischung von Gas und Luft zufällt, sondern die auch das *Mischungsverhältnis* der beiden Medien bei wechselnder Belastung *konstant* halten sollen. Diese *Gemischregelung* kann natürlich, insbesondere wenn sie selbsttätig erfolgt, auch auf den Gas- und Luftstrom getrennt wirken. Für den Werkstättenbetrieb sind jedoch die *Einhand-* bzw. *Einhebelmischer* besonders interessant, weil durch Betätigung (von Hand oder durch selbsttätigen Regler) eines einzigen

Verstellungsorgans bei Veränderung der Gaszufuhr zwangsläufig die Luftzufuhr so mitgeändert wird, daß das Mischungsverhältnis über den ganzen Betriebsbereich praktisch gleich bleibt.

Der *Ideal-Mischer* (Abb. 32) arbeitet als Hochdruck-Elektro-Mischgebläse, das das zuströmende Niederdruckgas und die aus der Umgebung angesaugte Luft

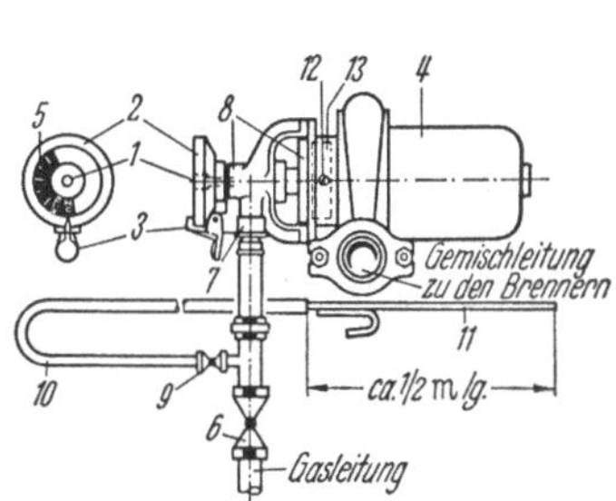

Abb. 32. Einhebel-„Ideal"-Mischer mit Luftansaugung
(Aichelin, Korntal-Stuttgart).

1 Regulierschraube; *2* Handrad; *3* Raster; *4* Motor; *5* Skalascheibe; *6* Abstell-Gashahn; *7* Anschlußstutzen; *8* Mischerkopf; *9* Hähnchen der Gaszündlunte; *10* Schlauch desgl.; *11* Gasrohr desgl.; *12* Stiftschraube; *13* Blende.

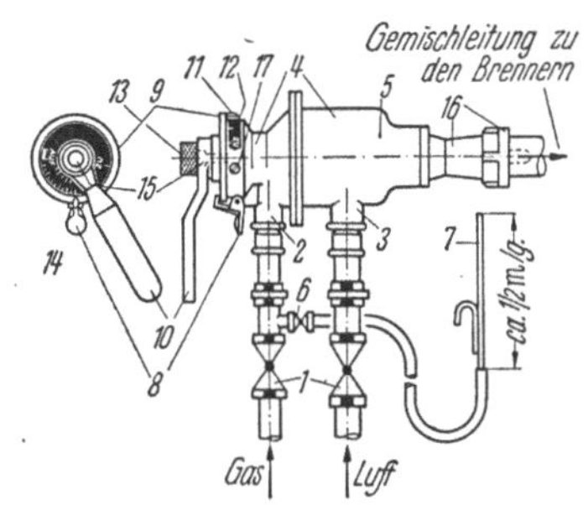

Abb. 33. Einhebel-„Radiax"-Mischer mit Ventilator-
oder Druckluft (Aichelin, Korntal-Stuttgart).

1 Abstellgashahn bzw. Lufthahn oder Drossel; *2* Anschlußstutzen Gas; *3* Anschlußstutzen Luft; *4* Mischer; *5* Flansche; *6* Hähnchen der Gaszündlunte; *7* Gasrohr der Gaszündlunte; *8* Raster; *9* Skalascheibe; *10* Hahnschlüssel; *11* Zeiger; *12* Randskala; *13* Kappenmutter; *14* Skalascheibe; *15* Regulierschraube; *16* Venturirohr; *17* Stiftschraube.

innig mischt und dem eigentlichen Brenner zuführt. Der *Radiax-Mischer* (Abb. 33) hingegen entnimmt die Luft einer Druck- oder Ventilatorleitung. Gas und Luft werden dann im Venturirohr innig gemischt. In der Regel wird zwar auf neutrales Gas-Luft-Gemisch (s. S. 17) eingestellt, doch kann auch nach Bedarf mit Gas- oder Luftüberschuß gearbeitet werden.

Eine andere Lösung zeigt der *Gas-Luft-Mengenregler „Steff"* (Abb. 34), bei dem durch einen einzigen Hebelgriff die

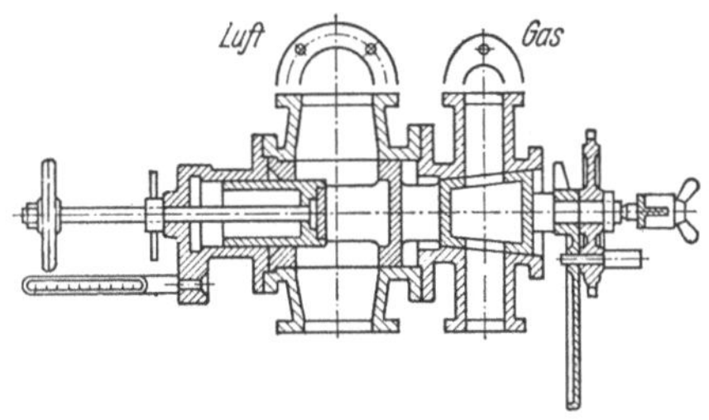

Abb. 34. Gas-Luft-Mengenregler „Steff"
(Ruppmann, Stuttgart).

Durchgänge in den getrennten Gas- und Luftleitungen gleichzeitig so verändert werden, daß das Mengenverhältnis praktisch unverändert bleibt.

D. Industrieöfen für Werkstättenbetriebe.

Die Industrieöfen sind allgemein Einrichtungen, die die von den Brennern entwickelte Wärme in zweckmäßiger Weise zur Durchführung technischer Wärmebehandlungs-Verfahren ausnutzen. Die Vielfalt derartiger technischer Prozesse führt zu einer entsprechenden Vielfalt von Ofenbauarten. Tatsächlich gibt es eine nahezu unübersehbare Fülle, zu deren Ordnung einige wichtige Merkmale ausgewählt werden müssen, will man den Wald trotz lauter Bäumen erkennen.

Bei den Wärmebehandlungs-Prozessen in Werkstättenbetrieben kann man einige Gruppen grundlegender technischer Verfahren von vornherein ausschließen. Es sind dies alle Produktionswerke für Rohstoffe oder Grundstoffe, wie die Hütten, aber auch die ihnen verbundenen Produktionsstätten von Mittelerzeugnissen oder Halbfabrikaten, wie Stahl- und Walzwerke sowie Gießereien. Ferner gehören nicht dazu alle chemischen Industrien, gleichgültig ob sie nur bis zu Rohstoffen führen oder bis zu Mittel-, Zwischen- oder Endprodukten arbeiten. Werkstätten sind mehr Veredlungsbetriebe und auch Reparaturstellen. Bei ihnen ist die *Wärme* in gewissem Sinn ebenfalls *Werkstoff*, den sie lediglich mit den üblichen Werkstoffen in des Wortes hergebrachter Bedeutung nach bestimmten Gesetzen im wesentlichen zu einer Art Formgebungszwecken vereinigen. Das Arbeitsgebiet der Werkstätten liegt also überwiegend in der reinen Wärmebehandlung, dabei fällt noch das weg, was man so unter Großbetrieben (z. B. Walzwerke) versteht.

Aber auch unter dieser wesentlichen Einschränkung bleibt ein großer Raum, wie schon die Übersicht S. 45 erkennen läßt.

Unsere Ofenbaufirmen bauen in hochwertiger Ausführung alle Bauarten, was beinahe so weit geht, daß es bei industriellen Öfen nur in sehr beschränktem Ausmaß Serienöfen gibt. Auch die Normung, die auf Einheitsbauarten zusteuert, steht auf diesem Gebiet am Anfang[1]. Heute ist noch immer fast jede Einzelausführung ein „Modell" für sich, das sich verfahrenstechnisch auf Grund bestimmter Eigenarten einer Grundform einordnet und im übrigen besondere Einzelheiten aufweist, die den Erkenntnissen und Erfahrungen der Konstrukteure entspringen.

1. Einteilungsmerkmale. Von den verschiedenen Möglichkeiten der *Einteilung* von Industrieöfen [8] sollen für die Zwecke der Werkstättenbetriebe hier zur Ordnung und zur Hervorhebung des Kennzeichnenden folgende vier Stichworte herangezogen werden:

a) die *Betriebstemperatur* und die sich daraus verfahrenstechnisch ableitenden Grundprozesse;

Mit ansteigenden Temperaturbereichen können bei besonderer Berücksichtigung der Wärmebehandlung des Eisens etwa folgende Prozesse unterschieden werden:
Trocknen (Verdampfung und Destillation von Wasser und Lösungsmitteln) —
Anlassen —
Glühen und Schmieden —
Schmelzen.

b) bestimmte Merkmale der *Beheizung*;

So weit das Wärmgut mit den Verbrennungsgasen unmittelbar in Berührung kommen darf, bietet die *direkte* Beheizung einfache Lösungen und günstige Wärmeübertragung. Bei Wärmgut, das gegen Bestandteile der Verbrennungsgase (vor allem gegen freien Sauerstoff aus Überschußluft, aber auch gegen den gebundenen Sauerstoff von Kohlendioxyd und Wasserdampf) empfindlich ist, bleibt in einigen Fällen die *direkte* Beheizung mit *Luftunterschuß* anwendbar. So weit sie nicht ausreicht, muß *indirekt* beheizt werden. Dabei bestehen zwei Möglichkeiten der praktischen Durchführung: entweder wird der gegen die Heiz- und Verbrennungsgasatmosphäre abgeschlossene Arbeitsraum *von außen* beheizt, wobei noch zum Temperaturausgleich ein Zwischenbad angewendet werden kann, oder durch *Strahlrohre*, die im Arbeitsraum liegen und in ihrem hohlen Innern von heißen Verbrennungsgasen durchströmt werden.
Hier wäre noch — besonders als Hilfsmittel zur Erzielung einer gleichmäßigen Verteilung der Temperatur — die *Umwälzheizung* zu nennen. Sie kann als Abart der direkten Beheizung angesehen werden, wenn es sich um Abgasrückführung in den *direkt* beheizten Arbeitsraum handelt; als Abart der indirekten Beheizung entweder, wenn bei dieser die Abgase teilweise zurückgeführt werden, damit sie die Verbrennungstemperatur senken, oder wenn ein Kreislauf-Hilfsgas nach Wärmeabgabe wieder indirekt aufgeheizt wird.

c) die Mechanisierung des Ofenbetriebs durch *Bewegung*;

Nach der Art, ob und wie sich das Gut während der Wärmebehandlung bewegt, kann unterschieden werden zwischen absatzweisem oder *periodischem* Betrieb mit *ruhendem* Wärmgut und stetigem oder *kontinuierlichem* Betrieb. Eine Zwischenstellung nehmen die Herdwagen-

---

[1] DIN 24201: Industrieöfen — Begriffe.
    DIN 24205: Industrieöfen — Kammeröfen mit Plattenherd.
    DIN 24207: Industrieöfen — Kammeröfen zum Stangenwärmen.
    DIN 24208: Industrieöfen — Klein-Stoßöfen.

öfen ein: die Herdwagen werden außerhalb des Ofens mit dem Gut beladen, der Wagen wird eingefahren, nach beendeter Wärmebehandlung wieder ausgefahren und außerhalb des Ofens wieder entladen.

Kontinuierlicher Betrieb ist im allgemeinen nur *wirtschaftlich* bei verhältnismäßig *großen Durchsätzen* oder bei Behandlung *kleiner Massengüter*, wie Bolzen und dergleichen. Bei kontinuierlichem Betrieb ergeben sich folgende Möglichkeiten zur Erzielung der Bewegung:

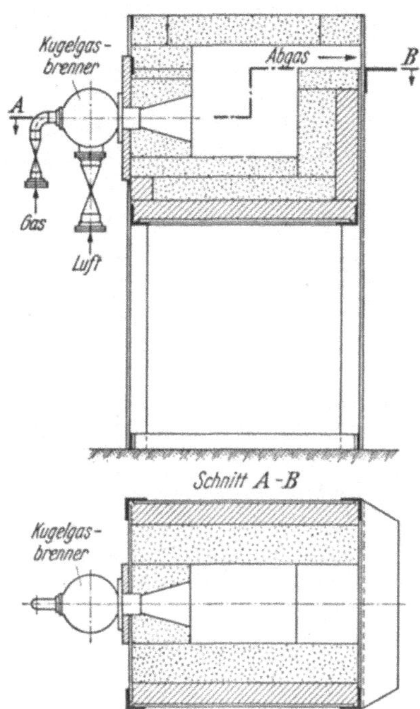

Abb. 35. Wärmofen/Kammerofen ohne Plattenherd (Schmid, Solingen).

Abb. 36. Schmiedefeuer (Wärmofen)/Kammerofen ohne Plattenherd (Schmid, Solingen).

1. das Wärmgut wird durch *Stoßen, Schieben* oder *Ziehen* über die feste, ruhende Unterlage durch den Ofen bewegt (geradlinige Bewegung — Stoßofen);

2. das Wärmgut bewegt sich auf der besonders *gestalteten Unterlage* (geradlinige Bewegung — Durchlauföfen mit Rollen —, Balkenherd usw.);

3. das Wärmgut ruht auf der *Unterlage*, die sich durch den Arbeitsraum *bewegt* (geradlinige Bewegung — Wagen, Ketten, Bänder usw.; kreisförmige Bewegung — Drehherdöfen; auch Ofendrehung bei ruhendem Herd möglich);

4. *Wärmgut und Unterlage bewegen* sich (schraubenförmige Bewegung — Drehrohröfen, Trommelöfen).

  d) die *Ofenformen* unter besonderer Berücksichtigung von b) und c).

  1. Kammeröfen (Ein- und Mehrkammersystem)
  2. Muffelöfen
  3. Wannenöfen
  4. Tiegelöfen
  5. Topf- und Haubenöfen
  6. Schachtöfen (feststehend oder kippbar)
} *periodischer Betrieb*

  7. Stoßöfen
  8. Kanal- und Tunnelöfen
  9. Roll-, Kettenrost-, Bandöfen usw.
  10. Drehherdöfen
  11. Drehrohröfen (langer Ofenkörper, verschiedene Reaktionen gleichzeitig in verschiedenen Zonen)
  12. Trommelöfen (kurzer Ofenkörper, verschiedene Reaktionen zeitlich nacheinander)
} *kontinuierlicher Betrieb*

2. Einzelbauarten. a) Kammeröfen ohne Plattenherd sind in der Regel *quaderförmig*, gegebenenfalls in der Decke gewölbt, besitzen für jeden einzelnen Kammerraum eine *Türe*, die je nach der Größe des Ofens von Hand oder mit mechanischen Hilfsmitteln bewegt (geöffnet und geschlossen) werden kann. Die Heizgase *brennen unmittelbar in den Arbeitsraum*, so daß er gewissermaßen mit dem Feuerraum zusammenfällt. Zum Schutz der an den Öfen Arbeitenden kann ein *Luft-*(Wind-)*Schleier* vor die Türöffnungen gelegt werden, ein Mittel, das auch bei anderen Öfen sinngemäß angewandt werden kann.

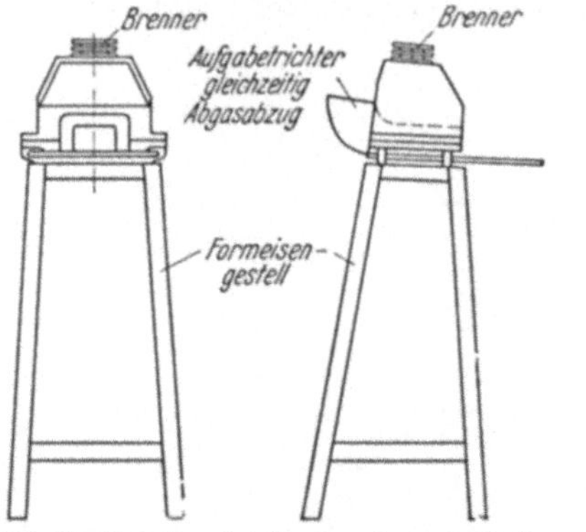

Ein Beispiel aus der Fülle der Bauarten stellt der *einfache Wärmofen* Abb. 35 dar. Er hat eine *nutzbare Herdfläche* von 250 (breit) × 350 (tief) mm, eine *Beschickungsöffnung* 250 × 70 mm bei einem *Anschlußwert* des Kugelgasbrenners von max. 20 Nm³/h.

Sonderausführungen zur Grundtype der hier behandelten Art bilden der *Wärmofen* (*Schmiedefeuer*) der Abb. 36 und der *Niet-Wärmofen* der Abb. 37. Das *Schmiedefeuer* (Abb. 36) hat eine *nutzbare Herdfläche* von 250 × 250 mm, *abnehmbare Bügeldecke* und einen *Anschlußwert* des Kugelgasbrenners von max. 35 Nm³/h. Der in den Boden einzubringende, gekörnte *Magnesit* bildet eine zur Erneuerung leicht auswechselbare, gute, wärmespeichernde Unterlage, welche die *Strahlung verstärkt*.

Der *Niet-Wärmofen* (Abb. 37) besteht aus einem *gußeisernen Gehäuse* und ruht auf einem besonders kräftigen *Formeisengestell*. Da die *Arbeitstemperatur* bis max. 1100° C steigt, ist der Ofen mit entsprechend *feuerfestem* Material *ausgemauert*. Trotz kräftiger Ausführung kann *Platzwechsel leicht* vorgenommen werden. Gegebenenfalls wird der Ofen zusammen mit Motor und Gebläse auf einem *Fahrgestell* montiert (Abb. 38).

Abb. 37. Nietwärmofen/Kammerofen ohne Plattenherd (Schilde, Bad Hersfeld).

Abb. 38. Nietwärmofen nach Abb. 37, auf Fahrgestell montiert (Schilde, Bad Hersfeld).
a Motor; *b* Gebläse; *c* Druckregler; *d* Fahrgestell.

Abb. 39. Werkbankofen/Kleinkammerofen ohne Plattenherd mit abnehmbarem Deckel für Glüh- und Wärmarbeiten (Aichelin, Korntal-Stuttgart).

Die *wichtigsten Daten* für die übliche Ausführung sind im folgenden zusammengestellt:

Abmessungen					Betriebswerte			
Nutzbare Herdgröße			Herdhöhe über Werkflur	Platz-bedarf	Leistung Nieten	Leerlauf-gasverbrauch ($Hu = 3800$ kcal/m³)	Vollastgas-verbrauch	Verbrennungs-Luftmenge für 700 mm WS und Niederdruckgas
Breite	Länge	Höhe						
mm	mm	mm	mm	mm	kg/h	m³/h	m³/h	m³/h
129	250	70	1000	600 × 600	35	4	7,5	40
200	280			700 × 700	70	7	14	90

Die *Stangenwärmöfen* (DIN 24207) gehören ebenfalls hierher. Während die Norm eine *Herdflächenleistung* von 400 kg/m² h zugrundelegt, bat man in der Praxis Durchschnittswerte von 1300 kg/m² h erreicht.

Ferner sind die *Werkbanköfen* zu nennen, typische Kleinöfen vielseitiger Anwendungsmöglichkeiten zur Wärmebehandlung kleinerer Werkstücke bei *Arbeitstemperaturen* bis rd. 1350° C. Die *wichtigsten Daten* der in Abb. 39 dargestellten Ausführung sind:

Abmessungen des Arbeitsraums			Betriebswerte		
Breite	Tiefe	Höhe	Gasanschluß-wert	Leerlaufgas-verbrauch bei 1200 °C	Anheizzeit bis 1200° C
mm	mm	mm	rd. m³/h	rd. m³/h	rd. min
40	75	40	3,5	2	25
60	150	60	6,5	4	30
80	200	80	8	5	35

b) Kammeröfen mit Plattenherd. Durch Einbau einer *Herdplatte*, auf die die Werkstücke aufgelegt werden, läßt sich der *Arbeitsraum vom* eigentlichen *Feuerungsraum trennen*, so daß die Werkstücke nicht mit den Flammen, sondern nur mit den endgültigen Verbrennungsgasen in Berührung kommen. Öfen dieser Art werden bereits bis zu recht großen Abmessungen gebaut (siehe weiter unten bei den praktischen Ausführungen).

Je nach der Anordnung der Brenner und der Heizgasführung werden folgende Feuerungen unterschieden:

Am häufigsten ist die *Vorderfeuerung* (Abb. 40) anzutreffen. Die Öfen sind bequem und brauchen wenig Raum.

Bei großen Öfen bietet die *Rückwandfeuerung* (Abb. 41)

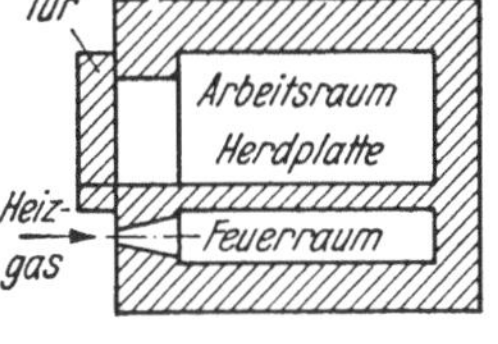

Abb. 40. Vorderfeuerung bei Kammeröfen mit Plattenherd.

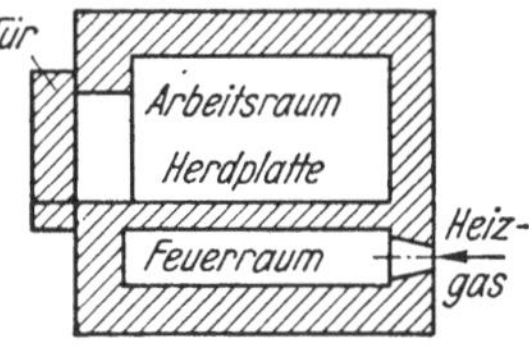

Abb. 41. Rückwandfeuerung bei Kammeröfen mit Plattenherd.

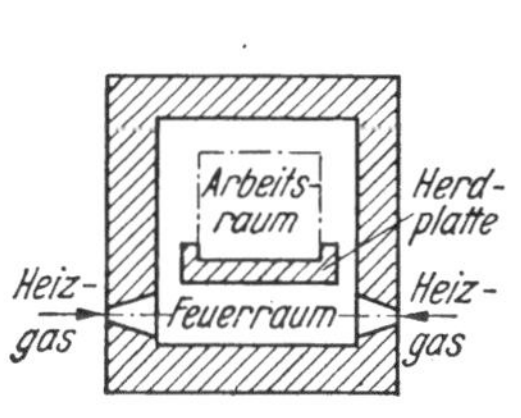

Abb. 42. Seitenfeuerung bei Kammeröfen mit Plattenherd.

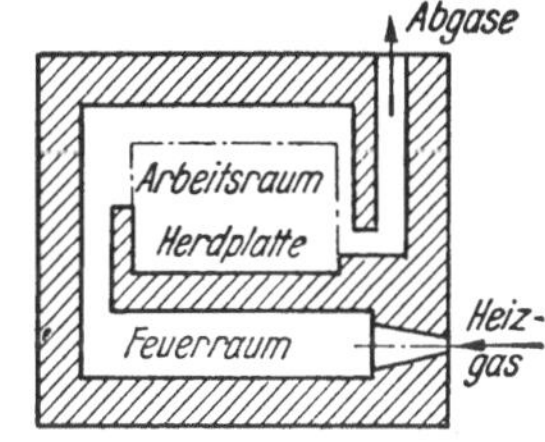

Abb. 43. Umlauffeuerung bei Kammeröfen mit Plattenherd.

manche Vorteile durch *günstige Wärmeführung*. Es muß jedoch an der Rückseite genügend Platz vorhanden sein, damit die Brenner bedient, beobachtet und gereinigt werden können. Diese Anordnung stellt entsprechende Anforderungen an die Aufstellung. Die Regeleinrichtungen der Öfen können meist an die Vorderseite gelegt werden.

Die *Seitenfeuerung*, doppelt von rechts und links (Abb. 42), gestattet es, entweder Temperaturen unabhängig von der Brennerleistung überall sehr gleichmäßig zu halten oder verschiedene *Temperaturzonen* einzustellen oder einer örtlichen Abkühlung durch verstärkte Heizleistung entgegenzuwirken.

Die *Umlauffeuerung* (Abb. 43) hat ihr besonderes Anwendungsgebiet bei sehr kurzem oder besonders tiefem Arbeitsraum. Die lange Heizgasführung ermöglicht gleichmäßige Wärmeverteilung.

Abb. 44 bringt ein Beispiel eines *Einkammerofens mit Plattenherd bei Rück-wandfeuerung*. Die *gebräuchlichen Abmessungen* ergeben sich aus folgender Übersicht:

Herdbreite b mm	Herdtiefe a mm	Nutzbare Herdfläche m²	Schaffplatten-höhe h₁ mm	Türöffnungs-höhe h₂ mm
200	315	0,063	beliebig	125
250	400	0,1		160
315	500 (630)	0,16 0,2		200
400	630 (800) (1000)	0,25 0,32 0,4		250
500	800 (1000) (1250)	0,4 0,5 0,63		315
630	1000 (1250) (1600)	0,63 0,8 1,0	800	315 (400)
800	1250 (1600) (2000)	1,0 1,25 1,6		400 (500)
1000	1600 (2000)	1,6 2,0		400 (500)
1250	2000	2,5		500

Abb. 45 zeigt das Schema eines *Doppelkammerofens mit Vorwärmkammer*, der als Kleinglühofen für Dauerbenutzung verwendet wird. Vorder- und Rückseite bestehen aus gußeisernen Platten, die Seitenwände aus Schmiedeeisen. Zwischen

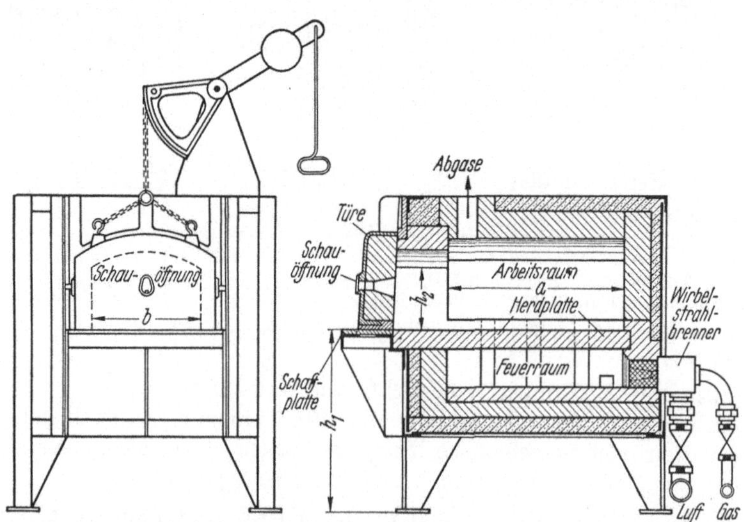

Abb. 44. Kammerofen mit Plattenherd (Wistra, Düsseldorf-Heerdt).
a nutzbare Herdlänge bzw. -tiefe; *b* nutzbare Herdbreite (= Breite der Türöffnung); *h₁* Schaffplattenhöhe; *h₂* Höhe der Beschickungs- bzw. Türöffnung.

der äußeren Ofenummantelung und dem inneren, feuerfesten Mauerwerk liegt eine Isolierschicht aus gebrannten Kieselgursteinen. Im eigentlichen Glühraum (untere Kammer) können Temperaturen bis 1400° C erreicht werden. Im Vorwärmraum (obere Kammer), der durch die Abgase des Glühraums beheizt wird,

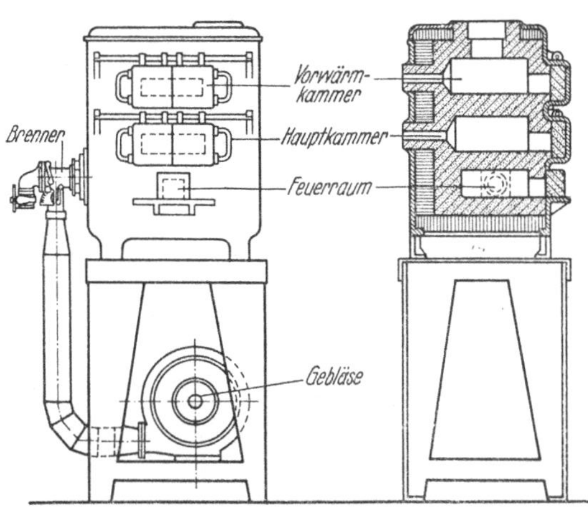

Abb. 45. Kleinglühofen/Doppelkammerofen mit Vorwärmkammer.
(Dr. Schmitz u. Apelt, Wuppertal).

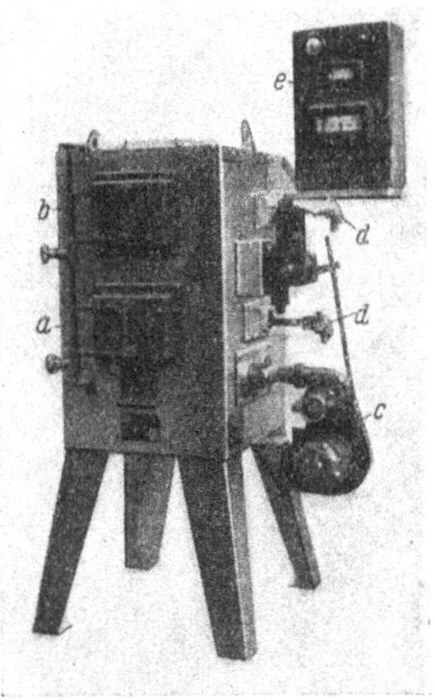

Abb. 46. Klein-Doppelkammerofen
(Aichelin, Korntal-Stuttgart).

a untere Kammer; b obere Kammer; c Motor mit Gebläse; d Thermoelemente; e Temperatur-Meßtafel.

liegt die Temperatur ungefähr 200° niedriger als im Hauptglühraum. *Abmessungen* und *Leistungen* ergeben sich aus der folgenden Übersicht:

Abmessungen					Leistungen	
		Außenmaße			Leerlaufgasverbrauch ($Hu = 4000$ kcal/m³)	
Arbeitsöffnung	Nutzbare Herdtiefe	Länge	Breite	Höhe	bei 900° C	bei 1250° C
mm	mm	mm	mm	mm	m³/h	m³/h
150×100	200	550	950	1600	2,5—3,5	3,5—4,5
250×100	300	650	1125	1650	4—5	6—7

Abb. 46 bringt schließlich ein Bild eines ausgeführten *Klein-Doppelkammerofens.*

c) Muffelöfen. Bei den Öfen dieser Art, die eine Weiterentwicklung des Kammerofens mit Plattenherd in Richtung auf die *Trennung von Arbeitsraum und Feuerraum* darstellen, befindet sich das Gut in einem gegen die Heiz- und Verbrennungsgasführungen abgeschlossenen Raum, der *Muffel,* die von außen *indirekt* beheizt wird. Die oben bei den Kammeröfen aufgezählten Feuerungsarten können wegen der konstruktiven Verwandtschaft zwischen Muffel- und Kammeröfen hier ebenfalls angewandt werden.

d) Schachtöfen unterscheiden sich von den bisher besprochenen Bauarten dadurch, daß die *Beschickungsrichtung senkrecht* liegt. In ihnen arbeitet man im Gegensatz zu Schachtöfen für chemische Zwecke (Generatoren, Hochöfen usw.) nicht kontinuierlich. Sie leiten von den Muffelöfen zu den Tiegelöfen über. Das Wärmgut wird in einem Glühtopf eingesetzt (Haubenofen) und ist darin der unmittelbaren Einwirkung von Heiz- und Verbrennungsgasen entzogen (Abb. 47).

e) Tiegelöfen sind für *Schmelzzwecke* besonders geeignet, werden *feststehend* oder *kippbar* ausgeführt und mit einer *Abzughaube* (Exhaustor) zum Entfernen der Dämpfe ausgestattet.

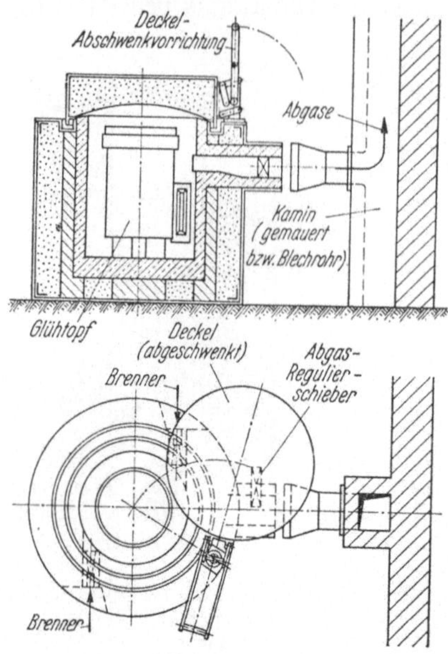

Abb. 47. Schachtofen (Fulmina, Edingen-Mannheim).

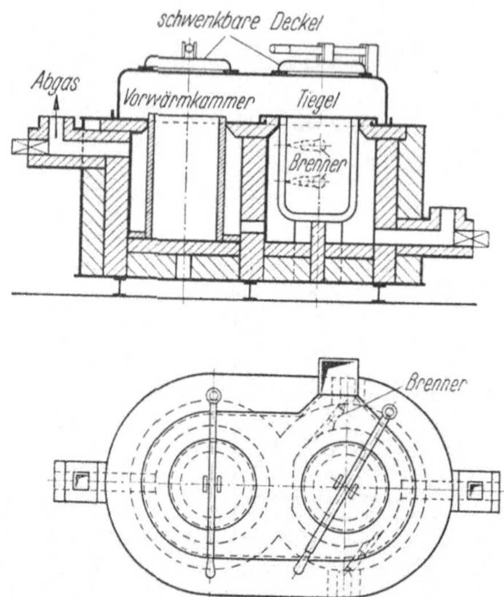

Abb. 48. Feststehender Tiegelofen (Salzbadofen) mit Vorwärmkammer (Schilde, Bad Hersfeld).

Abb. 48 zeigt eine *feststehende* Ausführung *mit Vorwärmkammer*. Die Brenner sitzen seitlich und leiten die Flammengase tangential in den die Tiegel umgebenden

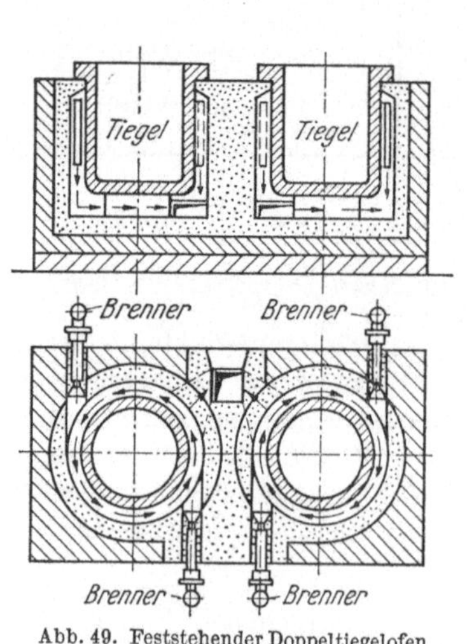

Abb. 49. Feststehender Doppeltiegelofen (Aichelin, Korntal-Stuttgart).

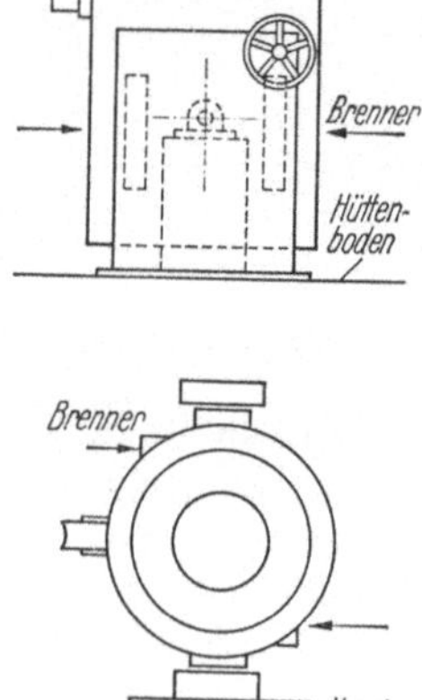

Abb. 50. Kippbarer Tiegelofen (Fulmina, Edingen-Mannheim).

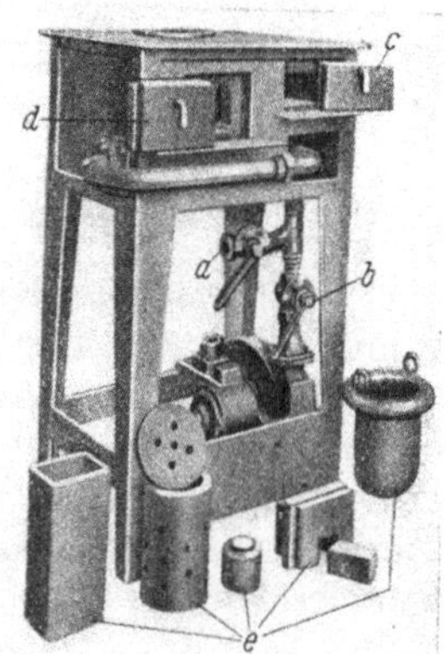

Abb. 51. Universalofen (Degussa, Wolfgang-Hanau).
a Gasansschluß; *b* Luftleitung mit Gebläse und Motor; *c* Vorwärmmuffel; *d* Arbeitsmuffel; *e* Auswechselteile.

Feuerraum. Die Heiz- und Verbrennungsgase umspülen den Tiegel und beheizen dann noch die Vorwärmkammer.

Eine andere feststehende Ausführung stellt der *Doppeltiegelofen* (Abb. 49) dar.

Ein *kippbarer Tiegelofen* ist in Abb. 50 schematisch wiedergegeben. Einen Einblick in die *Größen* und die *Leistungsfähigkeit* vermittelt die folgende Übersicht:

Abmessungen		Tiegelgewicht		Anschlußwert* $(Hu = 4000\ \mathrm{kcal/m^3})$	
Grundflächen-bedarf	Höhe	Leicht-metall	Schwer-metall	bei Leichtmetall	bei Schwermetall
mm	mm	kg	kg	m³/h	m³/h
2200 × 1000	950	18	50	20	35
2300 × 1100	1000	35	100	35	50
2550 × 1150	1100	50	150	45	60
2700 × 1200	1250	70	200	60	75
2800 × 1350	1300	100	300	75	90
2950 × 1550	1400	150	500	90	125
3150 × 1700	1500	200	—	90	—
3300 × 1900	1650	250	—	100	—
3600 × 2100	1850	300	—	110	—

* Der Anschlußwert bestimmt lediglich den Durchmesser der Anschlußleitung, der Gasverbrauch zum Schmelzen liegt niedriger.

f) Mehrzwecköfen. An sich können auch die einzelnen Bauarten der bisher erwähnten Öfen ohne Veränderungen für verschiedene verwandte Zwecke — z. B. Wärmen, Glühen, Härten — benutzt werden. Ein Beispiel eines durch einfache Auswechslung bestimmter Teile besonders vielseitig anwendbaren Ofens bringen die Abb. 51···59.

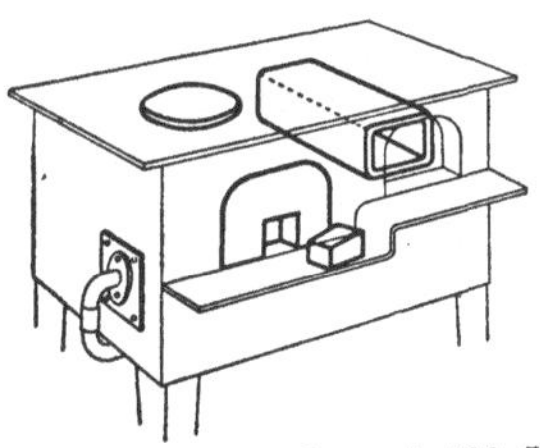

Abb. 52. Universalofen nach Abb. 51 als Schmiedeofen (Degussa, Wolfgang-Hanau).
Für schnellste Wärmebehandlungsarbeiten in der offenen Flamme. Muffel oder Glühplatte und Sockelstein sind aus dem Ofen entfernt. Verschluß durch Vorsteller mit kleiner Arbeitsöffnung und Schachtdeckel.

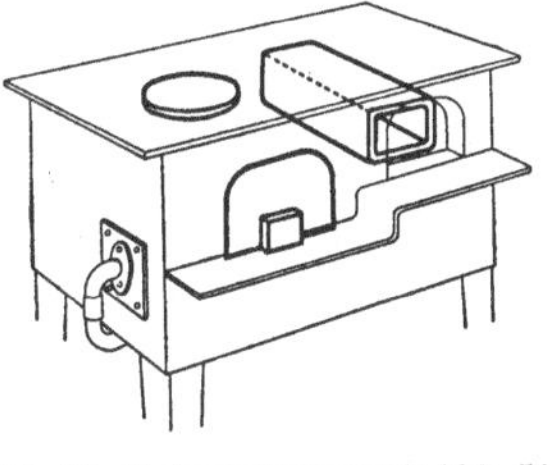

Abb. 53. Universalofen nach Abb. 51 als Schnellstahl-Aufschweißofen (Degussa, Wolfgang-Hanau).
Für Wärmebehandlungen zum Aufschweißen von Schnellstählen in der offenen Flamme. Muffel oder Glühplatte und Sockelstein sind aus dem Ofen entfernt. Verschluß durch Vorsteller mit kleiner Arbeitsöffnung und Schachtdeckel.

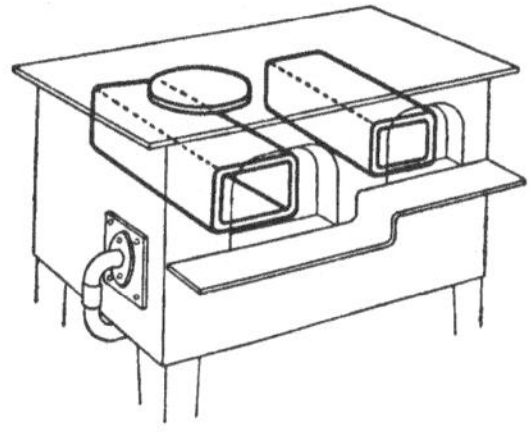

Abb. 54. Universalofen nach Abb. 51 als Muffelofen (Degussa, Wolfgang-Hanau).
Für Glüharbeiten ohne Berührung mit den Heizgasen. Einsetzen der Arbeitsmuffel auf den Stützstein. Verschluß durch Vorsteller und Schachtdeckel.

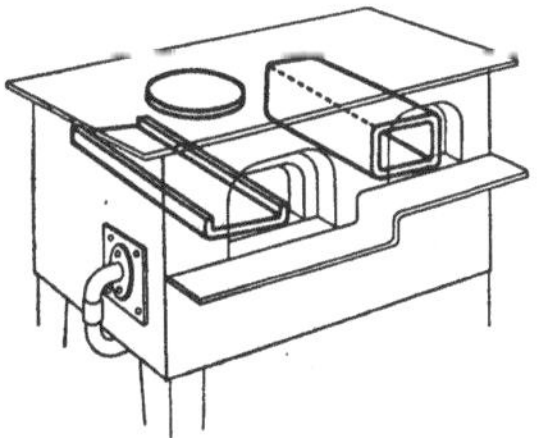

Abb. 55. Universalofen nach Abb. 51 als Glühplatten- und Warmpresserei-ofen (Degussa, Wolfgang-Hanau).
Für einfache Glüharbeiten ohne direkte Berührung des Glühgutes mit der Flamme. Einsetzen der Korund-Glühplatte auf den Stützstein. Verschluß durch Vorsteller und Schachtdeckel.

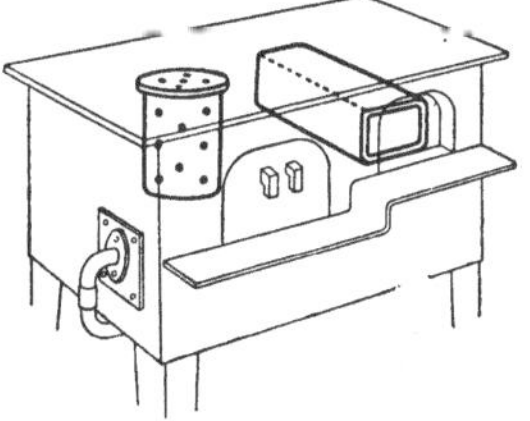

Abb. 56. Universalofen nach Abb. 51 als Glühzylinderofen (Degussa, Wolfgang-Hanau).
Für senkrechtes, fast verzugsfreies Glühen besonders von Schnellstählen. Senkrechte Einführung der Werkstücke wie Fräser, Reibahle, Gewindebohrer usw. Geringe Verzunderung. — Verschluß durch Vorsteller und durch Schachtdeckel.

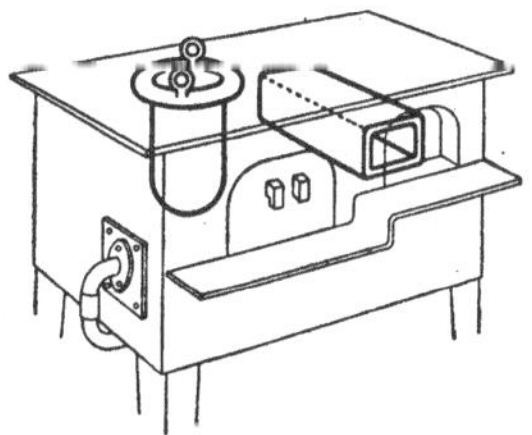

Abb. 57. Universalofen nach Abb. 51 als Salzbad-Tiegelofen (Degussa, Wolfgang-Hanau).
Für verzugs- und zunderfreies Glühen dünner Werkstücke im Salzbad bis 950° C im gezogenen Stahltiegel. — Das Glühen und Einsatzhärten kann vorteilhaft in DURFERRIT-Salzbädern vorgenommen werden, ausgenommen im DURFERRIT-C 5-Salzbad. Verschluß durch Vorsteller.

Der *Universalofen* ermöglicht es, *durch Auswechseln* der einzelnen Zusatzteile die verschiedensten Wärmebehandlungen in der *Muffel,* im *Tiegel* und im *offenen Feuer* durchzuführen. Dies ist besonders für Betriebe wichtig, in denen sich die Anschaffung mehrerer Sonderöfen für die verschiedenen Prozesse nicht lohnt. Der Ofenkörper aus Eisen steht auf hohen Füßen bei günstiger Schaffhöhe der Arbeitsöffnungen. Zwischen den Füßen ist das die Verbrennungsluft liefernde Gebläse eingebaut. Der Ofen ist mit hochwertigen Schamotte-Formsteinen ausgemauert. Der Hauptglühraum gestattet ein leichtes Auswechseln der Zusatzteile. In der *Vorwärmkammer* wird das Gut langsam vorgewärmt, was insbesondere bei der Wärmebehandlung von Schnellstäblen wichtig ist. Zur Bebeizung dient in der Regel *Stadtgas* ($Hu = 4000\,\text{kcal/m}^3$ — Druck 70 mm WS) oder *Flüssiggas* (Propan). Damit können mit Hilfe von zwei tangential angeordneten Gemischbrennern mit großem Regelbereich in der Arbeitsmuffel Temperaturen bis 1400° C erreicht werden. Für niedere Temperaturen bis 700° C ist ein Sonderbunsenbrenner eingebaut. Die Temperatur wird mit Thermoelementen überwacht. Mit Generatorgas können in der Muffel bis 1100° C erreicht werden. Die *wichtigsten Daten* ergeben sich aus der folgenden Übersicht:

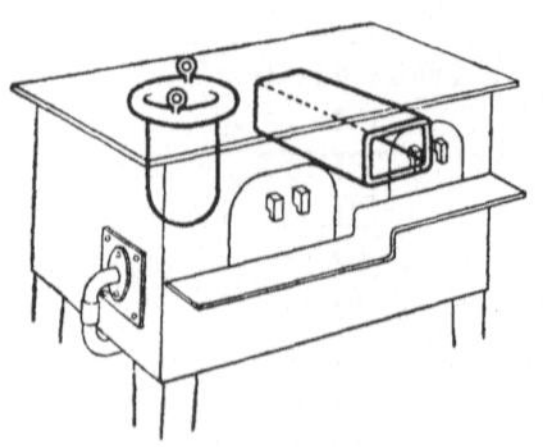

Abb. 58. Universalofen nach Abb. 51 als Bad-Anlaßofen (Degussa, Wolfgang-Hanau).

Zum Anlassen von Schnellstählen im Durferrit-Salzbad bis 700° C im gezogenen Stahltiegel. Zum Anlassen in Salpeter- oder Bleibädern bis 550° C im Spezial-Graugußtiegel. Verschluß durch Vorsteller.

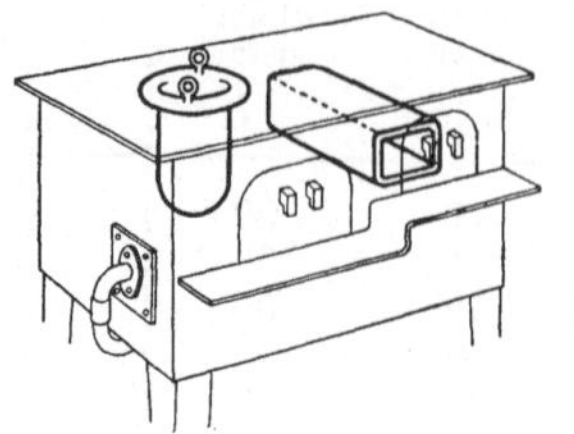

Abb. 59. Universalofen nach Abb. 51 als Metall-Schmelzofen (Degussa, Wolfgang-Hanau).

Für Metallschmelzungen aller Art in einem dem Schmelzgut entsprechenden Tiegel. Keramische Tiegel werden zweckmäßig auf die eingelegte Glühplatte gestellt. Verschluß durch Vorsteller.

Außenmaße	Breite	Tiefe	Höhe
	730	510	1200 mm

Lichte Tiegelmaße	Durchmesser	Tiefe
	130	250 mm

Nutzraummaße	Breite	Höhe	Länge
Arbeitsmuffel	125	100	270 mm
Vorwärtsmuffel	125	80	270 mm

Glühplatte	Breite	Länge
	125	270 mm

Glühzylinder	Durchmesser	Tiefe
	120	230 mm

Anbeizzeit		bei Stadtgas	bei Propan
von 20 auf 1000° C		rd. 20 min	rd. 20 min
von 20 auf 1300° C		70 min	70 min

Anheizverbrauch	bei Stadtgas	bei Propan
von 20 auf 1300° C	rd. 11 m³/h	rd. 1,5 m³/h
Halteverbrauch bei 1300° C	rd. 7 m³/h	rd. 0,8 m³/h

Kraftbedarf für Gebläse (220/380 V Drehstrom) 0,2 kW.

g) Halbkontinuierliche und kontinuierliche Großöfen. In dieser Gruppe sind vor allem die *Herdwagen-, Kanal-, Tunnel-* und *Drehrohröfen* zu nennen. Wegen ihrer großen Durchsätze kommen sie in der Regel für Werkstättenbetrieb nicht in Betracht, weshalb hier auf sie nicht eingegangen werden kann.

h) Klein-Stoßöfen. Diese vor allem in der *Gesenkschmiedeindustrie* bekannte Ofenbauart wird nach der Norm (DIN 24208) in 7 Größen für Durchsätze von

63···1000 kg/h gebaut. Abb. 60 zeigt eine Ausführung, die in der Praxis mit einem nicht eingezeichneten Rekuperator (s. S. 55) versehen ist. Bei geeignetem Gut kann man das Verhältnis von Herdlänge zu Herdbreite auf 6:1 und mehr gestalten. In

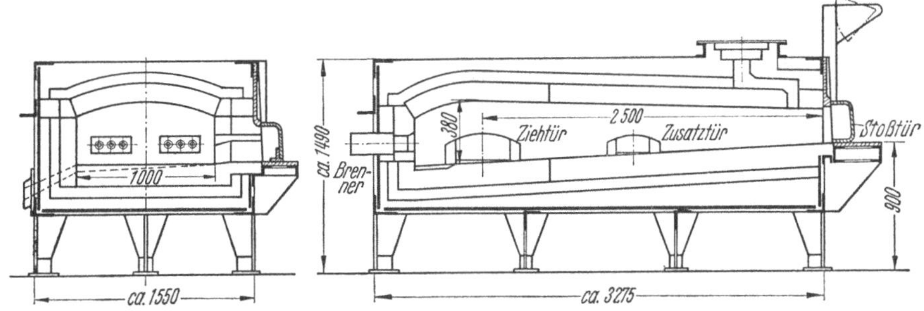

Abb. 60. Klein-Stoßofen für Gesenkschmieden (Wistra, Düsseldorf-Heerdt).

dem sich ergebenden, schlauchförmigen Arbeitsraum wird die Verbrennungswärme besonders gut ausgenutzt, so daß der spezifische Gasverbrauch, den man bei Ferngas sonst mit 180 Nm³/t einsetzt, auf 140 Nm³/t sinkt. Die Öfen werden grundsätzlich mit einer selbsttätigen Vorschubmaschine ausgerüstet, so daß die Blöckchen durch einen Ausfallschacht im Ofenherd ausfallen, worauf sie mittels einer Rutsche unmittelbar vor den Schmied gelangen.

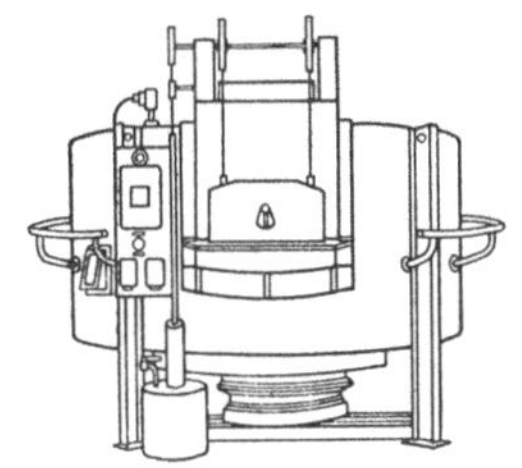

Abb. 61. Drehherdofen (Aichelin, Korntal-Stuttgart).

i) Drehherdöfen. Von den Bauarten, bei denen sich der Herd selbst bewegt, zeigt Abb. 61 eine schematische Darstellung, die lediglich die Grundtype kennzeichnen soll. *Drehherdöfen* werden in reinen Werkstättenbetrieben im allgemeinen selten benutzt.

Hingegen sei von der Grundtype mit drehendem Ofenkörper ein *Bolzen-(Nieten-) Wärmofen* (Abb. 62) herausgegriffen. Er hat 440 mm Durchmesser, ist mit 24 Einstecköffnungen versehen und wird mit einem Kugelgasbrenner vom Anschlußwert max. 35 Nm³/h von oben beheizt.

k) Trommelöfen sind besonders zur Wärmebehandlung von *Massen-Kleinteilen* geeignet. Sie ermöglichen eine zunderfreie Behandlung und dienen auch zur Aufkohlung und Karbonitrierung.

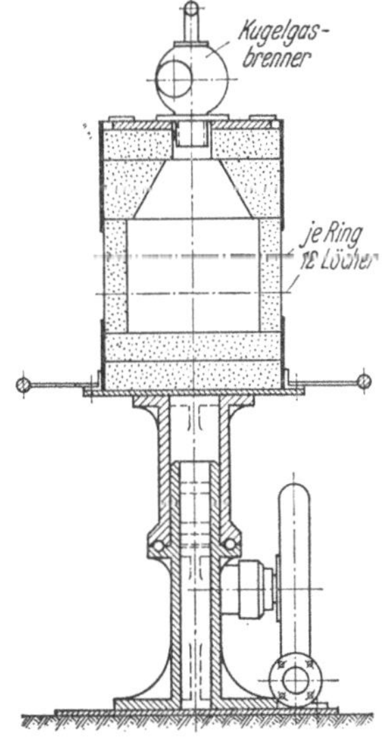

Abb. 62. Drehbarer Bolzen-(Nieten-) Wärmofen (Schmid, Solingen).

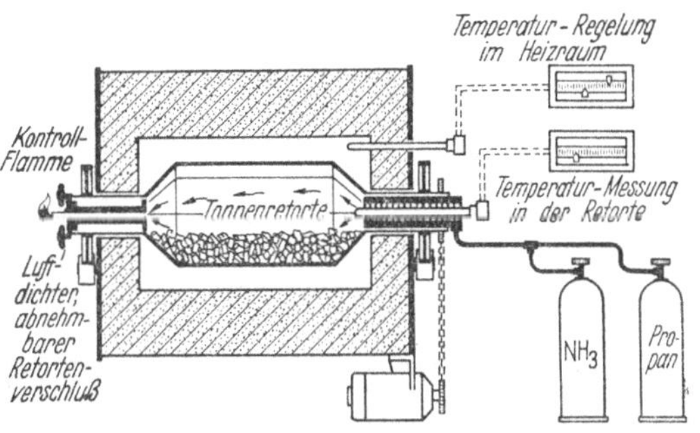

Abb. 63. Kippbarer Tonnenretortenofen/Trommelofen (Aichelin, Korntal-Stuttgart).

Abb. 63 zeigt einen *kippbaren Tonnenretortenofen* für Härtezwecke. *Abmessungen und Betriebswerte* ergeben sich aus der folgenden Zusammenstellung:

| Ofen- | | Nutzbarer Rauminhalt | Durchmesser der Beschickungsöffnung | Kraftbedarf für Retortenantrieb und Ventilator | Anschlußwert ($Hu =$ 3600 kcal/m³) | Anheizzeit auf 900° C | Leerverbrauch bei 900° C |
| Breite | Länge | | | | | | |
mm	mm	m³	mm	PS	m³/h	min	m³/h
2300	1350	0,010	100	0,65	12	12	3,5
2600	1800	0,022	145	2,3	18	60	5
3000	2150	0,050	200	3	35	75	8

Eine sogenannte *rotierende Glühmaschine* für die gleichen Zwecke ist im Schnitt in Abb. 64 dargestellt. Diese Öfen werden gewöhnlich in Längen von 2300, 4200 und 6000 mm bei Gesamtbreiten des Nutzraums von 300, 500 und 700 mm gebaut.

l) Förderbandöfen mit Strahlungsheizung. Eine besondere Art der Beheizung, die beim Trocknen und verwandten Vorgängen sehr hohe Leistungen

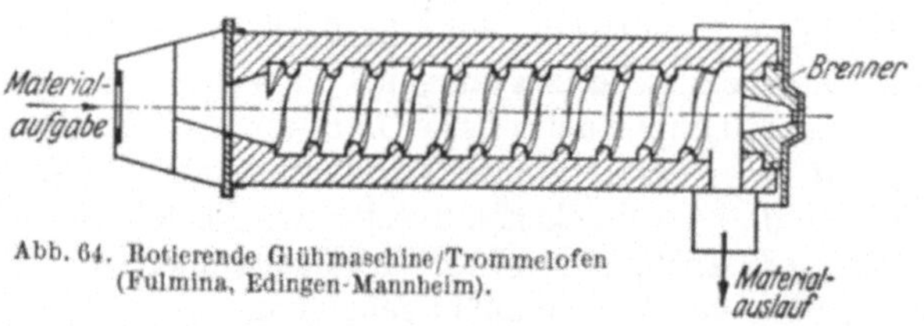

Abb. 64. Rotierende Glühmaschine/Trommelofen
(Fulmina, Edingen-Mannheim).

zu erzielen gestattet, ist die *Strahlungsheizung*, bei der das Gas, gemischt mit der durch Injektorwirkung angesaugten Luft, in einer vielzelligen Masse, katalytisch beeinflußt, nahezu flammenlos verbrennt. Die Brennermasse erreicht Temperaturen um 800° C und überträgt die Wärme an das Gut durch Strahlung. Abb. 65 bringt einen mit derartigen Strahlern, System „SCHWANK", ausgestatteten *Förderbandofen* zur Trocknung von Feinblechen.

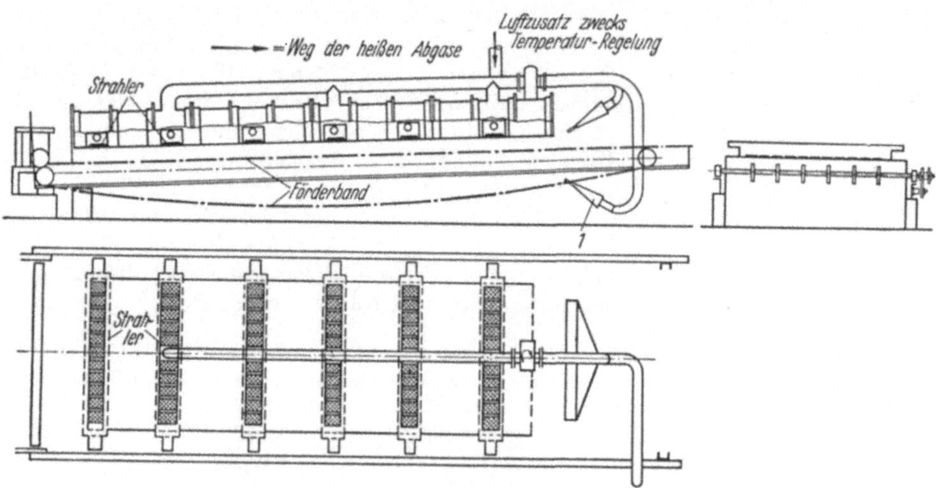

Abb. 65. Förderbandofen mit Beheizung durch Infrarot-Strahler, System „Schwank", zur Trocknung von Blechen
(Gogas, Dortmund-Wellinghofen).

m) Kettenrostofen mit Katalytstrahlern. Eine weitere Entwicklung dieser gasbeheizten Strahler sind die in jüngster Zeit aufgekommenen, unterhalb Glühtemperaturen arbeitenden *Katalyt-Strahler*, bei denen das Gas ohne Luftbeimischung in die Katalysatormasse strömt und sich die notwendige *Verbrennungs-*

luft von außen heranholt (Abb. 66). Diese Art der Beheizung ist dann am Platz, wenn empfindliches Material vorliegt oder explosible Dämpfe von Lösungsmitteln auftreten. Eine Anlage zur Watte-Trocknung zeigt Abb. 67.

n) Umwälzöfen. Der Abschnitt über die Industrieöfen für Werkstättenbetriebe kann nicht abgeschlossen werden, ohne daß eine Beheizungsart behandelt wird, die im Grunde genommen auf alle Ofensysteme angewandt werden kann. Es handelt sich

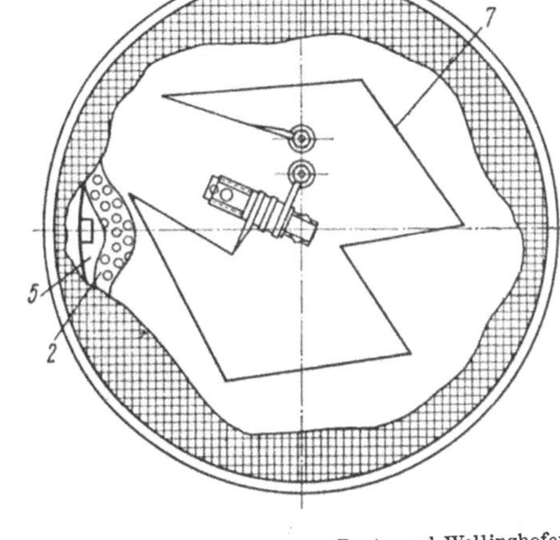

Abb. 66. Katalyt-Strahler (Gogas, Dortmund-Wellinghofen).
1 Gehäuse mit Befestigung; *2* Lochblech; *3* Schließring; *4* Maschendrahtgewebe; *5* Wärmespeicher; *6* Katalytisches Heizpolster; *7* Heizleiter; *8* Gasventil.

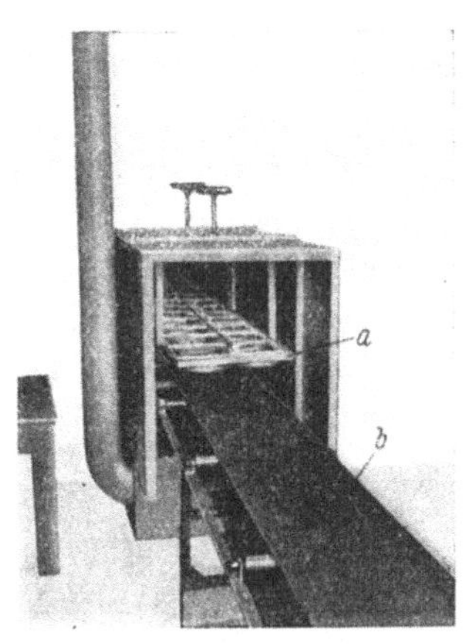

Abb. 67. Kettenrostofen mit Beheizung durch Katalytstrahler nach Abb. 66 zur Trocknung empfindlicher Güter (Gogas, Dortmund-Wellinghofen).

a Katalystrahler; *b* Förderband.

um das *Umwälz-* oder *Rauchgasrückführungssystem*, anwendbar bei Arbeitstemperaturen bis etwa 700° C und wenn eine besonders gleichmäßige Verteilung der Temperatur angestrebt wird. Das Herz derartiger Ofenanlagen ist die *Wälzgas-einrichtung.* Ein Ausführungsbeispiel, bei dem das Wälzgas selbst hochgeheizt und durch neues Verbrennungsgas ergänzt wird, ist in Abb. 68 dargestellt. Selbstverständlich kann eine Rauchgas-Rückführung auch so in die Ofenanlage eingefügt werden, daß ein Teil der Rauchgase an geeigneter Stelle in den üblichen Feuerungsraum geleitet wird.

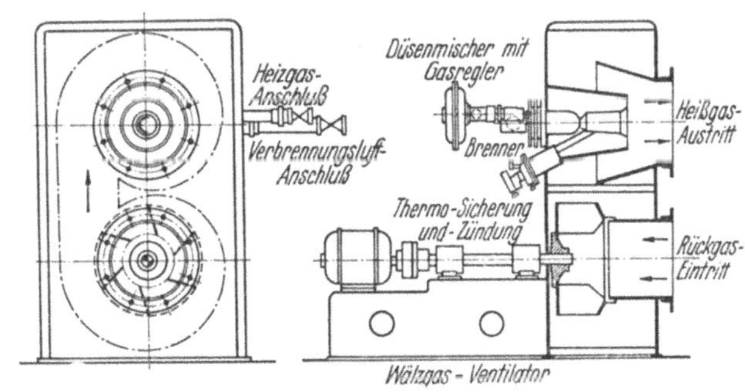

Abb. 68. Wälzgaseinrichtung bei Umwälzheizungen bzw. Rauchgasrückführung (Schilde, Bad Hersfeld).

E. Rekuperatoren.

Rekuperatoren (s. auch S. 20) müssen zur Erzielung eines günstigen *Wärmeaustausches* zwischen den abziehenden Verbrennungsgasen bzw. Abgasen und der vorzuwärmenden Verbrennungsluft und, wo dies möglich oder notwendig ist, (z. B.

Generatorgas bei hohen Arbeitstemperaturen), auch dem vorzuwärmenden Brenngas, eine *große Wärmeaustauschfläche* bei *hohen Strömungsgeschwindigkeiten* aufweisen. Für Werkstättenbetriebe werden praktisch ausschließlich *metallische* Rekuperatoren verwendet. Nur bei Großöfen außerhalb der Werkstätten stehen Rekuperatoren aus feuerfestem, keramischem Material im Wettbewerb. Je nach den örtlichen Verhältnissen und Leistungen baut man die Rekuperatoren entweder über Flur (auf den Ofen oder bei größeren Anlagen neben ihn gesetzt) oder unter Flur (Kanal-Rekuperatoren).

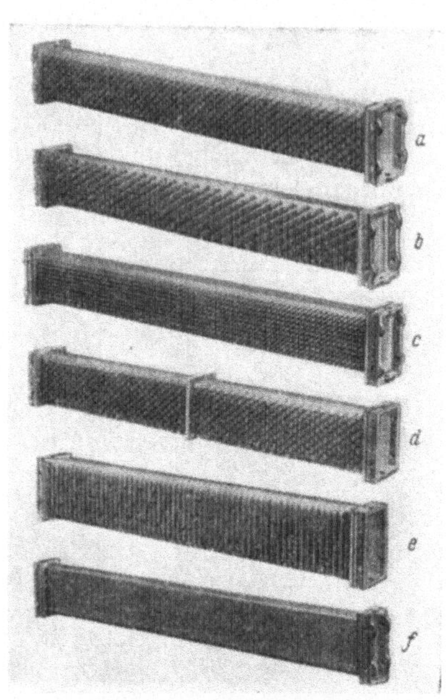

Abb. 69. Rekuperatorrohre (Industrie-Companie Kleinewefers, Krefeld).

a···d Nadelrekuperatorrohre, innen und außen mit Nadeln; *a* außen enge Nadeln bei sauberen Abgasen; *b* außen weite Nadeln bei geringen Staubgehalten; *c* außen kreisrunde Nadeln für axiale Gas- oder Luftführung; *d* angegossene Lenk- oder Tragflanschen; *e* außen Rippenrohr; *f* außen glatt.

1. Wärmeaustauschrohre. Wird der Wärmeaustausch mit Hilfe von *Rohren* bewirkt, in denen sich das eine Medium (Luft, Gas) bewegt, während das andere (Abgase) die Rohre von außen umspült, so haben sich *gußeiserne* (hochwertiger, hitze- und korrosionsfester Sonderguß oder hochhitzebeständiger Chromstahlguß) Elemente in Längen von 880···2150 mm in verschiedenen Bauformen, die man zum Rekuperator vereinigt, bewährt. Sie sind innen mit sogenannten *Tropfennadeln* ausgestattet, außen je nach der Reinheit der Abgase ebenfalls mit einer Nadelteilung versehen oder als *Rippenrohre* bzw. *glatt* ausgebildet. Ihre *Gestaltung* und *Anwendung* ergibt sich aus Abb. 69.

Die Ausführungen *a* bis *d* werden bei den Nadelrekuperatoren angewandt, *a* für hohe Wärmeleistungen, *b* bei hoher thermischer Beanspruchung. Ausführung *e* hat innen Nadeln und außen Rippen: Rippenrohr-Element für stark verunreinigte Abgase; Ausführung *f* hat nur innen Nadeln: Glattrohr-Element für stark staubhaltige Abgase (20 g Staub/m³ und mehr).

2. Kleinrekuperatoren. Da die Werkstättenöfen in der Regel zu den kleinen bis mittleren Industrieöfen gehören, haben für sie vor allem die *Kleinrekuperatoren* Bedeutung.

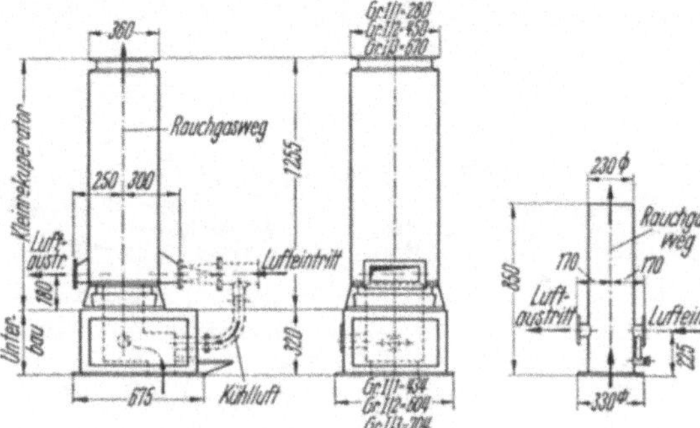

Abb. 70. Kleinrekuperatoren und Sparschlot mit Nadelrohren nach Abb. 69 (Industrie-Companie Kleinewefers, Krefeld).

Abb. 70 zeigt die Ausführung bei Anwendung der Nadelrohre, für kleinste Leistung „*Sparschlot*" genannt. Je nach dem benutzten Material können die *Abgastemperaturen* zwischen 850 und max. 1100 (1050)° C betragen. Die *Luft* wird meist auf 300···400° C *vorgewärmt*, kann aber im Bedarfsfall bei 1100° C Abgastemperatur max. etwa 700° C erreichen. Die *Leistungen* dieser Kleinrekuperatoren ergeben sich aus folgender Übersicht:

	Sparschlot	Nadel-Kleinrekuperator		
		I/1	I/2	I/3
Abgasmenge . . . rd. Nm³/h	35···75	75···150	150···280	280···480
Luftmenge . . . . rd. Nm³/h	20···85	40···160	80···320	160···530

So weit die Abgastemperaturen höher als zulässig liegen, kann man durch Zusatz von *Kühlluft* zu den Verbrennungsgasen vor Eintritt in den Rekuperator in den tragbaren Temperaturbereich gelangen.

Eine andere Ausführung bildet der *Spiral-Rekuperator* (Abb. 71), der hauptsächlich für *kleine Schmiedeöfen* und *Glühöfen* mit Abgastemperaturen über 1000° C bestimmt ist. Er wird mit *Innendurchmessern* von 240···715 mm, Höhen von 710···1885 mm ausgeführt und wärmt *Luftmengen* von 50···700 Nm³/h vor.

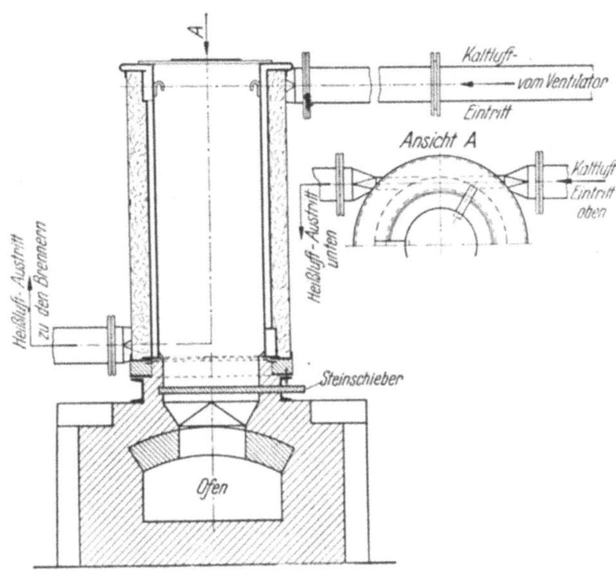

Abb. 71. Spiral-Rekuperator (Rekuperator-Dr. Schack, Düsseldorf).

3. Brennstofferparnis. Bereits S. 20 wurde ein Berechnungsgang zur Ermittlung der Gasersparnis durch Vorwärmung angegeben. Er ist an die Kenntnis bestimmter, erst zu ermittelnder Betriebswerte gebunden, liefert aber exakte Werte. In einfacherer Weise läßt sich ausreichend genau aus dem *Kurvenblatt* Abb. 72 die *Gasersparnis* unmittelbar entnehmen. Ist z. B. die Abgastemperatur 900° C (Abszisse) und wird die Verbrennungsluft ($n = 1,1$ — entsprechend 10% Luftüberschuß) durch den Rekuperator auf 400° C vorgewärmt (400°-Kurven), dann beträgt nach Abb. 72 die Brennstofferparnis bei Beheizung mit Koksofengas (Ferngas) 19%, mit Generatorgas 19,5% und mit Hochofengichtgas 21% gegenüber dem Betrieb ohne Vorwärmung.

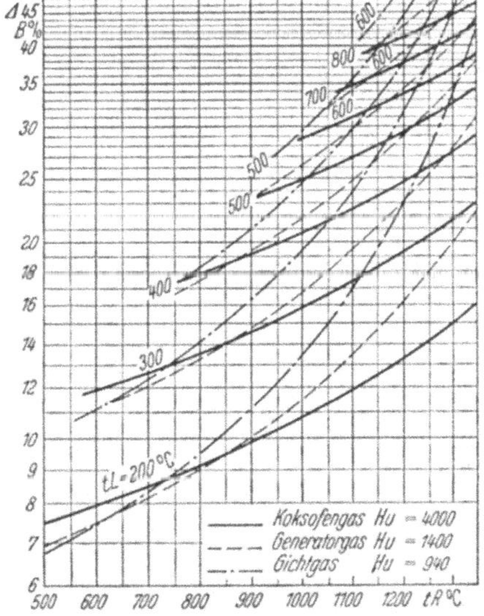

Abb. 72. Diagramm zur Ermittlung der prozentualen Brennstofferparnis durch Vorwärmung der Verbrennungsluft bei Gasfeuerungen (nach Industrie-Companie Kleinewefers, Krefeld).

Schutzgas-Art	Ausgangsgas	Schutzgaszusammensetzung in Vol.%						Verwendungszweck
		H_2O	H_2	CO	CO_2	CH_4	N_2	
Exogas I	Kohlengas; Stadt- u. Ferngas, Wassergas, Methan, Äthan, Propan, Butan, Generatorgas, Mischgas u. a.	2	25—0,5	14—0,5	3—10	1—0	Rest	Blankglühen von Kupfer, Tombak, Neusilber mit hohem Ni-Gehalt, Bronze, Silber u. a. Bedingtes Blankglühen von Messing, Neusilber mit niedrigem Ni-Gehalt u. a. Zunderfrei Glühen von Stahl Schutzgashartlöten mit Kupfer und anderen Loten
Exogas II		0,3						Wie Exogas I, jedoch entkohlungsfreies Blankglühen von Stahl mit C-Gehalt $<0,4\%$
Exogas III		0,03						Wie Exogas II, jedoch entkohlungsfreies Blankglühen von Stahl mit C-Gehalt $<0,6\%$
Monogas I		0,03	25—0,5	14—0,5	1—2	1—0	Rest	Blankglühen, -härten und -hartlöten von hochgekohltem Stahl, Gasaufkohlen und Karbonitrieren von Einsatzstahl
Monogas II		0,03	25—0,5	2—0	1—2	1—0	Rest	Aufkohlungsfreies Glühen von Eisen
Monogas III		0,03	25—0,5	Spuren	Spuren	1—0	Rest	Wie Exogas und Monogas I und II, insbesondere Glühen von hochwertigem Material. N_2-Erzeuger.
Endogas		0,03—2	50—32	20—18	0—1	2—0	Rest	Blankglühen und -härten von hochgekohltem Stahl, Gasaufkohlen und Karbonitrieren von Einsatzstahl
Spaltgas	Ammoniak	0	75				25	Blankglühen von Schnellstahl, rost- und hitzebeständigem Stahl
Reformergas I	Propan, Methan, Äthan, Butan, Ferngas u. a.	0,03	95	2	1	2	nur wenn im Ausgangsgas vorhanden	Reduzieren und Sintern von Eisenpulver und andere Verwendungszwecke, wo stark reduzierende Wirkung verlangt wird.
Reformergas II		0,03	99	Spuren	Spuren	Spuren		Wie Reformergas I, insbesondere dort, wo größte Reinheit und unbedingte Sauerstofffreiheit gewährleistet sein muß. H_2-Erzeuger.

Schutzgasart	Kohlengas Nm³	Ferngas Nm³	Stadtgas Nm³	Generatorgas aus Braunkohlenbriketts Nm³	Wassergas aus Steinkohle Nm³	Propan C_3H_8 kg	Butan C_4H_{10} kg	Ammoniak NH_3 kg
Exogas I—III	0,25—0,38	0,26—0,40	0,28—0,46	0,50—0,70	0,39—0,63	0,10—0,14	0,10—0,14	—
Monogas I	0,28—0,39	0,29—0,41	0,33—0,48	0,62—0,80	0,48—0,72	0,11—0,15	0,11—0,15	—
Monogas II	0,28—0,37	0,29—0,39	0,33—0,42	0,62—0,70	0,48—0,59	0,11—0,14	0,11—0,14	—
Monogas III	0,28—0,37	0,29—0,39	0,33—0,42	0,62—0,70	0,48—0,59	0,11—0,14	0,11—0,14	0,23—0,30
Endogas	0,39—0,48	0,41—0,49	0,48—0,58	—	—	0,14—0,17	0,14—0,17	—
Spaltgas	—	—	—	—	—	—	—	0,38
Reformergas I	0,67	0,68	0,78	1,0	1,0	0,21	0,22	—
Reformergas II	0,67	0,68	0,78	1,0	1,0	0,21	0,22	—

F. Schutzgaserzeugung.

Wenn auch die Anwendung von *Schutzgasen* für Werkstättenbetriebe heute noch wenig (z. B. für das Löten im Schutzgasofen [9]) in Betracht kommt, sondern mehr für Produktions- und Fertigungswerke, soll doch auf das Wesen der Herstellung von Schutzgasen etwas eingegangen werden.

In den meisten Fällen ist *Sauerstoff* der störende Bestandteil, und zwar in Form von elementarem, freiem Sauerstoff, wie ihn die Luft bringt, sowie in gebundener Form (als *Kohlendioxyd* und *Wasserdampf*, aber auch als Kohlenoxyd). Ein Schutzgas ist demnach ein Gas, das frei von diesen Bestandteilen ist oder durch andere, entgegenwirkende Bestandteile in der Oxydationswirkung ausgeglichen wird. Die eigentliche Aufgabe bei der Schutzgaserzeugung besteht daher darin, aus bestimmten Ausgangsgasen durch geeignete Behandlung die störenden Bestandteile zu entfernen. Ideale Schutzgase wären daher reiner *Stickstoff* oder die *Edelgase*. Auch eine *trockene Wasserstoff*-Atmosphäre wirkt günstig, hat aber den Nachteil, daß sie in Gegenwart von Sauerstoff (Luft) bei den hohen Temperaturen ein sehr reaktionsfreudiges Medium darstellt.

Der einfachste Fall der Herstellung von Schutzgas liegt in der *Aufbereitung von Feuerungsabgasen* (Verbrennungsgasen). Wo diese nicht in geeigneter Form vorhanden sind, werden die Ausgangsgase durch Verbrennung geeigneter Brennstoffe (siehe die Übersicht unten) mit Luftmangel oder im äußersten Fall gerade ausreichender Luftmenge gewonnen. Die Übersicht (S. 60) der Aufarbeitungsmöglichkeiten (MAHLER, Eßlingen) gibt zugleich einen Überblick über die grundsätzlichen Möglichkeiten, die heute von den verschiedenen Firmen in Form kompendiöser, geschlossener Schutzgasanlagen ausgewertet werden.

Die Übersicht (S. 58) gibt Einblick in die bei den verschiedenen Verfahren nach Firma MAHLER, Eßlingen, benutzten *Ausgangsgase*, die Schutzgas*zusammensetzung* und den *Verwendungszweck* des Schutzgases.

Schließlich gibt die nebenstehende Übersicht, ebenfalls nach MAHLER, an, wieviel *Nm³ von den verschiedenen Brenngasen* gebraucht werden, damit *1 Nm³ Schutzgas* entsteht.

Man erkennt, daß die *Schutzgasausbeute* ein Mehrfaches der aufgewendeten Brenngasmenge beträgt.

		Taupunkt des Schutzgases rd. °C
Exotherme Gasumwandlung (wärmeentwickelnd)		
Exo I	. . Verbrennung und Wasserkühlung (Normaldruck)	+20
Exo II	. . wie I, jedoch indirekte Druckkühlung (6 atü)	− 8
Exo III	. . wie II mit zusätzlicher Gastrocknung	bis −40
Mono I	. . wie Exo, jedoch zusätzlich CO_2-Druckwasserwäsche (15 atü)	
Mono II	. . wie I, jedoch vor Druckwasserwäsche katalytische CO-Umwandlung	bis −40
Mono III	. außerdem Beseitigung der Reste von CO und CO_2 durch Spezialverfahren	
Endotherme Gasumwandlung (wärmebindend)		
Endo	. . . katalytische Gaszersetzung in Gegenwart von Wasserdampf und Kühlung	20 bis −40
Ammoniak-Spaltung		
	$2\,NH_3 \rightarrow 3\,H_2 + N_2$	trocken
Kohlenwasserstoff-Spaltung (Reformierung)		
	KWstoffe mit Wasserdampf, CO konvertieren zu CO_2, Druckwasserwäsche, nach Bedarf Reste-Entfernung	bis −40

Abb. 73. Schutzgaserzeugungsanlage Type Exo-II-150, Leistung 150 Nm³/h (Mahler, Eßlingen).

Abb. 74. Schutzgaserzeugungsanlage Leistung von 10 Nm³/h bis 250 Nm³/h Schutzgas (Schilde, Bad Hersfeld).

Die Abb. 73 und 74 zeigen zwei der zusammengebauten *Schutzgaserzeugungsanlagen*, die in ähnlicher Anordnung auch von den anderen Spezialfirmen hergestellt werden.

G. Meß-, Regel- und Sicherheitseinrichtungen.

Messen heißt *wissen*, regeln bedeutet *beherrschen* und sichern ist *schützen*.

Wer an seinen technischen Einrichtungen, in unserem Fall an den Gasverbrauchsanlagen, die notwendigen *Messungen* vornimmt, kennt den Zustand seiner Anlagen, er weiß, wie sie betrieblich laufen. Dies ist wichtig, weil jede Anlage in einem bestimmten Bereich der Betriebswerte die günstigsten Ergebnisse zeigt. Was gemessen werden kann und soll, wo es zu messen ist, wie oft und wie genau, hängt von der Art der Anlagen und dem Zweck ab, den die Messung in günstiger Weise zu erreichen ermöglichen soll. Es ist ein Unterschied, ob man durch Messungen die richtige Einstellung einer Anlage betrieblich überwachen will oder ob man z. B. die gesamte Energiebilanz einer Anlage mit ihren zeitlichen Veränderungen bestimmen will. Aber auch für die einfachste Betriebsführung kommt man selbst bei primitiven Ofenanlagen ganz ohne Messungen nicht aus. Im wesentlichen handelt es sich bei den Betriebsmessungen um die Ermittlung von *Gas- und Luftmengen*, von *Temperaturen* sowie von *Drücken* (Überdruck und „Zug"). Über die *Einheiten* dieser Meßgrößen s. S. 4 ff.

Der nächste Schritt führt vom Messen zum *Regeln*, dem die Aufgabe zufällt, einen bestimmten Betriebszustand aufrechtzuerhalten oder, bei Abweichungen davon, ihn wieder herzustellen. Im einfachsten Fall regelt man *von Hand*. Mit fortschreitender Verfeinerung geht man in den letzten Jahrzehnten mehr und mehr zum *selbständigen* Regeln über.

Die *Sicherung* der gasbeheizten Anlagen ist eng verbunden mit dem Messen und Regeln. Sie hat in erster Linie zu verhindern, daß unverbranntes Gas unbeabsichtigt ausströmt und dann Vergiftungs- und Explosionsgefahr in sich birgt. Daneben fällt den Sicherungseinrichtungen auch die Aufgabe zu, dafür zu sorgen, daß bei brennendem Gas die Ofenbaustoffe nicht durch zu große Wärmeentwicklung, bedingt durch übermäßiges Gasausströmen, überhitzt werden. Die an die Sicherungseinrichtung gestellten Forderungen lassen sich in allen Fällen voll befriedigen.

Das Gebiet der Meß-, Regel- und Sicherungstechnik ist so groß, daß nur das Allernotwendigste im Zusammenhang mit den gasbeheizten Werkstätteneinrichtungen gesagt werden kann. Für Vertiefung in dieses Gebiet sei das Sonderschrifttum empfohlen [*10, 11*].

1. Meßeinrichtungen. a) Gasmengenmessung. Gas- und Luftmengen können entweder *unmittelbar volumetrisch* gemessen werden oder *mittelbar* aus den *Strömungsverhältnissen*. Zur unmittelbaren volumetrischen Messung dienen bei kleinen Leistungen die bekannten, heute in der Regel *trockenen Gaszähler* (Nennbelastung: $2{,}4 \cdots 200$ m³/h). Bei großen Leistungen verfügt man über die raumsparenden Konstruktionen der *Drehkolbenzähler* (AERZENER MASCHINENFABRIK, Aerzen bei Hameln. — J. PINTSCH, Düsseldorf) und des *Schraubenradgaszählers* (ELSTER, Mainz) (Nennbelastung: $300 \cdots 30000$ m³/h).

Für die andere Gruppe der Messungen geht man von der Tatsache aus, daß die durch einen gegebenen Querschnitt einer Leitung oder einer Düse strömende Menge der Strömungsgeschwindigkeit proportional ist. Die Strömungsgeschwindigkeit selbst wird auch unmittelbar gemessen. Zu diesem Zweck werden in Leitungen querschnittsverengende Einrichtungen eingebaut (*Blenden, Düsen, Venturirohre*), die ein Druckgefälle hervorrufen, das nach bestimmten Auswertungsgesetzen ein Maß für die je Zeiteinheit durchfließende Gasmenge gibt [*12, 13*]. Diese Art der Gasmengenmessung, die *Durchflußmessung*, wird also auf eine Druckmessung (siehe weiter unten) zurückgeführt.

Für den Ofenbetrieb sind jedoch — vor allem für die Überwachung der einzelnen Gasverbrauchsstellen (Öfen) — sehr einfache Gas- (und Luft-) Mengenmesser, die ebenfalls mittelbar nach dem Durchflußprinzip arbeiten, zu empfehlen: die *Schwimmermesser*, deren Anzeige gleichfalls die „*Belastung*" in m³/h angibt. Im Gegensatz zur Druckmessung wird bei ihnen mit einem senkrechten, von unten nach oben durchströmten, sich nach oben kegelförmig erweiternden Meßrohr gearbeitet, in dem ein *Schwebekörper* (Abb. 75) je nach der durchfließenden Gasmenge einen verschieden hohen Stand einnimmt, aus dem sich die Menge ergibt, die unmittelbar abgelesen werden kann. Da die Anzeige unmittelbar von der Dichte und über diese von der Temperatur, vom Druck sowie ferner von strömungstechnischen Größen abhängt, gilt jede Skalenteilung nur für jene Betriebsbedingungen, für die sie bestimmt ist. Für andere Verhältnisse ist eine Umrechnung möglich, doch empfiehlt es sich, von den der Eichung zugrunde gelegten Betriebsverhältnissen nicht abzuweichen.

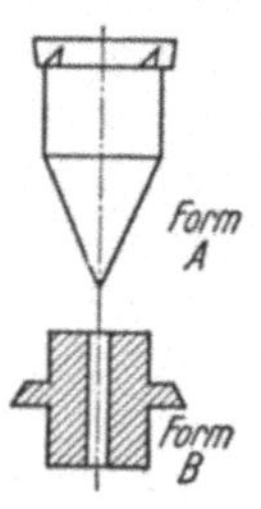

Abb. 75. Schwebekörperformen für Schwimmermesser (Krohne, Duisburg).

Form A Normalform von dynamischer Stabilität, jedoch zähigkeitsempfindlich.
Form B von Zähigkeit und Reynoldszahl weniger abhängig, jedoch dynamisch unstabil, daher Mittelführung.

Die *Meßgeräte* werden in die Gas- oder Luftleitung unmittelbar eingebaut. Sie werden im allgemeinen für Meßbereiche eingerichtet, bei denen der kleinste Durchfluß $^1/_{10}$ des größten beträgt. Die absoluten Meßhöhen für *Hauptströmungsmesser* liegen bei Gasen und Luft zwischen etwa 0,1 l/h und 500 m³/h. Für größere Meßhöhen empfehlen sich *Nebenflußmengenmesser* auf dem Staurand-(Blenden-) Prinzip. Abb. 76 zeigt einen Hauptströmungsmesser mit einem frei schwebenden Schwimmkörper (Form A der Abb. 75), Abb. 77 einen Hauptströmungsmesser mit Schwimmkörper an einer Mittel-Führungsstange (Form B der Abb. 75).

Abgasmengen ergeben sich am sichersten aus der Zusammensetzung des Frischgases, der Frischgasmenge und der Abgaszusammensetzung.

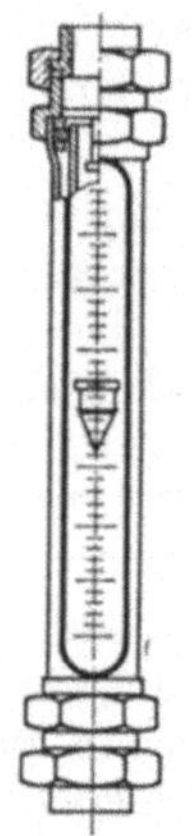

Abb. 76. Hauptströmungs-Schwimmermesser mit freischwebendem Schwebekörper, Form A der Abb. 75 (Krohne, Duisburg).

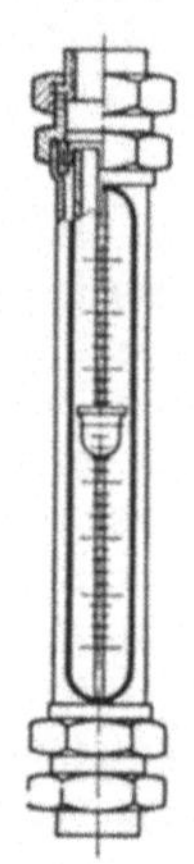

Abb. 77. Hauptströmungs-Schwimmermesser mit mittelgeführtem Schwebekörper, Form B der Abb. 75 (Krohne, Duisburg).

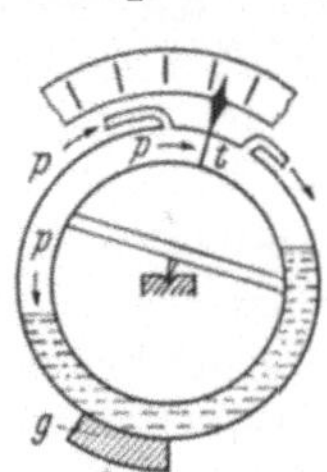

Abb. 78. Prinzip des Meßwerks einer Ringwaage: Trennwand; *p* Meßdruck; *g* Ausgleichsgewicht.

b) Gasdruckmessung. Der Gasdruck, der als „*statischer*" Druck bei geschlossener Leitung, als „*Fließdruck*" bei strömenden Gasen bezeichnet wird, kann einfach mit flüssigkeitsgefüllten *U-Rohren* gemessen werden, die an einer Seite mit der zu messenden Gasatmosphäre verbunden, an der anderen Seite offen zur Raumluft sind. Die Anzeige eines senkrechten U-Rohres in mm ist mit dem spezifischen Gewicht der Füllflüssigkeit (bei Wasser ~ 1 g/cm³, bei Quecksilber $\sim 13{,}6$ g/cm³) zu multiplizieren, wenn man den Druck in mm WS (siehe S. 5) erhalten will.

Bei geringen Drücken, wie sie z. B. als „Zug" (*Unterdruck*) in Abgasleitungen (Schornsteinen) auftreten, mißt man mit geneigtem Schenkel.

Für geringe Druckunterschiede, wie sie z. B. bei der Durchflußmessung mit Blenden u. dgl. auftreten, haben sich die *Ringwaagen* im praktischen Betrieb sehr bewährt. Das Ringwaage-Meßwerk (Abb. 78) besteht aus einem drehbar gelagerten Hohlring, der zur Hälfte mit einer Flüssigkeit gefüllt ist. Der Raum über der

Flüssigkeit ist durch eine Trennwand in zwei Kammern geteilt, die mit den Meß-leitungen verbunden sind. Der Drehwinkel ist ein Maß für die Druckdifferenz zwischen den beiden Kammern.

c) Temperaturmessung. Temperaturen bis zu etwa 550 bis 600°C können mit geeigneten *Quecksilberthermometern* gemessen werden.

Für den Ofenbetrieb benutzt man am häufigsten *Thermoelemente*. Das Meßprinzip geht aus folgendem hervor: Befinden sich die Verbindungsstellen von zwei Drähten aus verschiedenen Metallen nicht auf der gleichen Temperatur, so entsteht eine elektromotorische Kraft, deren Höhe als Maß für den Temperaturunterschied zwischen den beiden Verbindungsstellen benutzt werden kann. An einem Ende sind die beiden Drähte verlötet oder verschweißt (warme Lötstelle), an dem anderen Ende (kalte Lötstelle) ist entweder unmittelbar oder über einen Kupferleiter das Meßinstrument, ein Drehspuleninstrument mit hohem Eigenwiderstand, angeschlossen. Bei Erwärmung der Warmlötstelle bilden sich im Element Thermoströme, die als Spannungsdifferenz an der kalten Lötstelle gemessen und nach der Eichreihe umgewertet unmittelbar als Temperaturgrade abgelesen werden können. Die Eichkurven der Thermoelemente beziehen sich auf eine Temperatur von 20° C an der kalten Lötstelle. Sollte die Temperatur dort anders liegen, so ist die Temperaturanzeige um die Abweichung zu berichtigen, oder das Thermoelement ist durch eine Kompensationsleitung zu verlängern, bis die kalte Lötstelle in einem Raum von 20° C liegt.

Die Oberflächentemperaturen glühender Ofenwände können mit *optischen Pyrometern* anvisiert werden.

Einzelheiten siehe das Sonderschrifttum [*14*].

2. Regeleinrichtungen. Nach der zu regelnden Größe unterscheidet man für das hier behandelte Fachgebiet *Druck-*, *Temperatur-* und *Gemischregler*. Nach der Wirkungsweise kennt man zwei große Gruppen von Bauarten:

direkt wirkende Regler und

indirekt, das heißt: durch Betätigung einer *Hilfskraft* wirkende Regler.

Die Regler der ersten Gruppe sind so beschaffen, daß von dem zu regelnden Zustand oder Vorgang selbst jene Kräfte aufgebracht werden, die zur Auslösung der Regelwirkung notwendig sind. Die Regler der zweiten Gruppe sind dagegen so beschaffen, daß von dem zu regelnden Zustand oder Vorgang lediglich nur Kräfte ausgelöst werden, die Regelorgane betätigen, die von einer besonderen Kraft- oder Energiequelle gespeist werden.

Im allgemeinen überwiegen heute die *Regler mit Hilfskraft*. Sie steuern durch die Veränderung bzw. Abweichung vom Sollzustand eine Hilfskraft, die dann weiterhin die Verstellbarkeit für das Regelorgan übernimmt. Als Hilfskraft dienen *elektrischer Strom*, *Druckluft*, *Wasser* oder *Drucköl*. Die konstruktive Durchbildung muß sich nach der Art der Hilfskraft richten, und man kann folgende Gruppen unterscheiden:

1. *Pneumatische Regler*, bei denen die Betätigung des Regelorgans durch *Druckluft* erfolgt. Das Hilfsmittel wird durch Schieber, Hilfsdrosseln oder Strahlablenkung gesteuert.

2. *Hydraulische Regler*, bei denen das Hilfsmittel *Wasser* oder *Drucköl* ist; sie stehen aus hydromechanischen Gründen den Reglern der ersten Gruppe nahe.

3. *Elektrische Regler*, bei denen das Drosselorgan durch einen *Elektromotor* verstellt und der Strom durch ein *Kontaktwerk* gesteuert wird.

4. *Pneumatisch-elektrische oder hydraulisch-elektrische* Regler, bei denen das *Regelorgan pneumatisch* oder *hydraulisch* bewegt wird, das *Kraftmittel* jedoch *elektrisch* gesteuert wird.

Bei den Gasdruckreglern wird praktisch ausnahmslos der *Gasdruck* selbst als Kraft eingesetzt (pneumatische Regler).

Über Begriffe wie „integraler" und „proportionaler" Regler siehe DIN 19226.

a) Druckregler haben die Aufgabe, einen höheren und schwankenden Vordruck in einen niedrigeren und gleichmäßigen Hinter- oder Ausgangsdruck umzuwandeln. Sie reduzieren also, müssen aber gleichzeitig die Reduktion unabhängig von der Höhe des Vordrucks, selbstverständlich in einem festgelegten Druckbereich, auf einem sozusagen *konstanten Enddruck* halten. In der Praxis wird auch der Hinterdruck nicht absolut gleich bleiben, sondern dem Gang des Vordrucks folgen, wenn auch in einem sehr engen Bereich. Für die üblichen Betriebsverhältnisse reicht dies aus, nicht aber, wenn eine Arbeitstemperatur allein mit Hilfe der Druckregelung in sehr engen Grenzen gehalten werden soll.

Nach der Höhe des Vordrucks gibt es Regler für

1. *Niederdruck* . . . . Vordruck bis 500 mm WS,
2. *Mitteldruck* . . . . Vordruck über 500···5000 mm WS,
3. *Hochdruck* . . . . Vordruck über 5000 mm WS.

Ein Beispiel eines *Gasdruckreglers* für einen Bereich von 70···500 mm WS Vordruckbereich und 40···120 mm WS Hinterdruckbereich bringt Abb. 79.

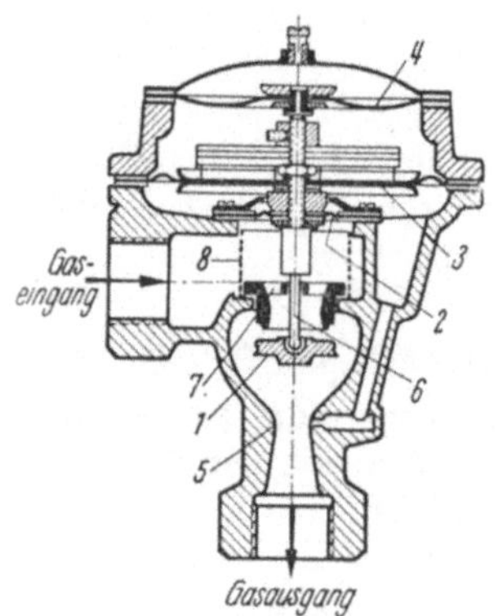

Abb. 79. Niederdruck-Gasregler (Kromschröder, Osnabrück).
1 Ventilteller; *2* Ausgleichsmembrane; *3* Arbeitsmembrane; *4* Schutzmembrane; *5* Venturidüse; *6* Ventilspindel; *7* Ventilsitz; *8* Siebkörper.

Der Regler besteht aus einem gasdruckfesten, gußeisernen Gehäusekörper mit waagerechtem Eingang und senkrechtem Ausgang. Im Gehäuse liegen ein Siebkörper, eine Ausgleichsmembrane für den Vordruck, eine Arbeitsmembrane, eine Schutzmembrane und ein Ventilteller, der an einer Ventilspindel befestigt ist und gegen einen Ventilsitz schwenkbar arbeitet.

Der *Gasdruckregler* Abb. 79 wird für Höchstdurchlässe von 6···60 m³/h gebaut. Er arbeitet folgendermaßen: Vom Eingangsstutzen strömt das unter dem Vordruck stehende Gas durch den Siebkörper zur Abscheidung gröberer Verunreinigungen und gelangt in den Raum zwischen Ausgleichsmembrane und Ventilsitz. Die Ausgleichsmembrane hebt den Druck auf Membrane und Ventilteller, die beide durch die Ventilspindel verbunden sind, auf und entlastet dadurch den Regelvorgang vom Einfluß der Vordruckschwankungen. Aus dem Raum zwischen Ausgleichsmembrane und Ventilsitz strömt das Gas durch den Ventilspalt und die Venturidüse zum Ausgang. Dabei wird der Hinterdruck durch die ebenfalls an der Ventilspindel befestigte Arbeitsmembrane geregelt. Ihre untere Seite ist von jenem Druck beaufschlagt, der an der engsten Stelle der Venturidüse herrscht. Sie hebt den Ventilteller so weit gegen den Ventilsitz an, daß der durch Gewichte auf der Arbeitsmembrane einstellbare Hinterdruck erzeugt wird. Erhöht sich z. B. durch Verringerung der Durchgangsmenge oder durch Vordruckerhöhung plötzlich der geregelte Druck, dann wird die Arbeitsmembrane angehoben und der Ventilspalt verkleinert. Der verengte Spalt drosselt das durchströmende Gas stärker, so daß der Druck im Ausgangsraum wieder auf den ursprünglichen Wert zurückgeht. Bei Nullverbrauch preßt sich der Ventilteller fest auf seinen Sitz und sperrt den Gasweg vollständig ab.

b) Temperaturregler. Von den verschiedenen Möglichkeiten seien hier zwei Fälle herausgegriffen.

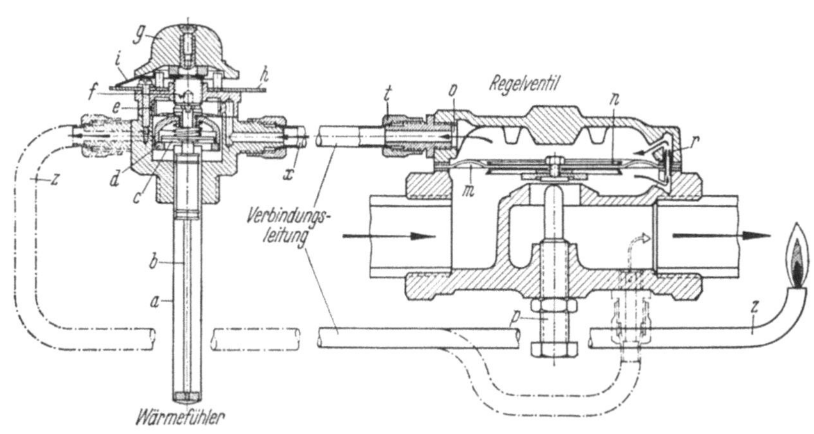

Abb. 80. „Regulo"-Temperaturregler (Kromschröder, Osnabrück).

a, b Fühlrohr; c, d Drosselventil, e Drehgewinde; f Stellspindel; g Drehknopf zur Einstellung des Wärmefühlers; h Platte mit Temperatur-Skalenteilung; i Zeiger für Temperaturstellung des Wärmefühlers; m Membrane des Regelventils; n Gewichtsauflage zur Membranbelastung; o Öffnung zum Raum oberhalb der Membran m; p Stellschraube des Regelventils; r Düse zur Verbindung der Räume oberhalb und unterhalb der Membrane m; t Einschraubstutzen; x, z Verbindungsleitungen.

Die erste Gruppe arbeitet mit *Wärmefühlern*. Das sind Fühlrohre, die mit einer Flüssigkeit oder einem anderen geeigneten Stoff von hohem thermischem Ausdehnungsbeiwert gefüllt sind. Die mit der Temperatur verbundene Ausdehnung wird auf ein Regelventil (im Grunde ein Drosselorgan bzw. einen Druckregler) übertragen, das den Gasdurchgang steuert.

Es gibt Wärmefühler für verschiedene Meßbereiche:

max. 30° C (Raumfühler), max. 300 ⋯ 800 ⋯ 1000° C.

Abb. 80 zeigt die für Temperaturregelung von gasbezeizten gewerblichen und industriellen Feuerstätten entwickelte Bauart. Der Regler besteht aus drei Teilen: dem *Wärmefühler*, dem *Regelventil* und der *Verbindungsleitung* zwischen beiden. Durch das aus zwei Stoffen verschiedener Wärmeausdehnung gebildete Fühlrohr wird das im Fühlerkopf enthaltene Drosselventil bei steigender Temperatur geschlossen, bei fallender Temperatur geöffnet, indem sich das Rohr des Fühlers stärker ausdehnt als der im Innern befindliche Stab. Durch Verstellen der Ventilspindel wird die Höhenlage des Ventilsitzes bestimmt und damit die Höhe der Regel-Temperatur. Bei Erreichen des Sollzustandes wird der Gasnebenstrom durch ein Drosselventil mehr oder weniger stark verringert. Dieser Gasnebenstrom führt in der Verbindungsleitung vom Regelventil durch eine Düse zum Wärmefühler und von dort bei Drücken bis 200 mm WS zum Brennraum, bei Drücken über 200 mm WS zum Regelventil zurück. Die durch Blechteller beschwerte Membrane des Regelventils wird in einer solchen Stellung schwebend gehalten, daß dem Brenner zu jeder Zeit genau die dem jeweiligen Wärmebedarf entsprechende Gasmenge zugeführt wird.

Mit Thermo-Elementen arbeitet der *Fallbügelregler* Abb. 81. Die Thermo-Spannung bringt den Meßzeiger des Galvanometers zum Ausschlag. Die Regel-Temperatur wird mit einer Einstellmarke festgelegt. Eine Kurvenscheibe, von einem Motor angetrieben, hebt und senkt in regelmäßigen Zeitabständen den Fall-bügel. Dabei wird auch der frei vor der Gradteilung schwingende Meßzeiger an-gehoben. In dem Augenblick, wo der Meßzeiger die Einstellmarke erreicht, wird durch sein Druckstück die Queck-silberschaltröhre gekippt und der Regel-stromkreis geschlossen. Der Schaltim-puls wird elektrisch auf ein Magnet-ventil übertragen, das dann den Gasweg schließt. Sinkt die Temperatur, dann geht der Meßzeiger zurück, die Schalt-röhre kippt in die Anfangsstellung zurück und gibt den Gasdurchgang über das Magnetventil wieder frei.

Eine grundlegende Darstellung der elektrischen Temperaturregelung hat H. Bönhoff in der letzten Zeit gegeben [*15*].

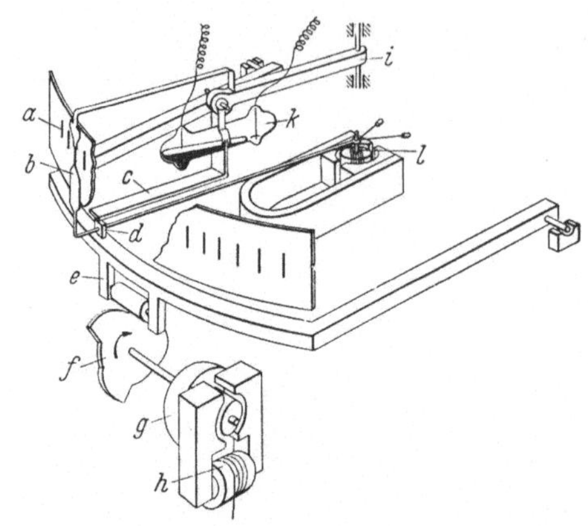

Abb. 81. Fallbügel- oder Pyrometer-Regler zur Temperatur-regelung zwischen 1000 und 1600° C bei Härte-, Glüh-, Schmiede-, Emaillieröfen usw. (Hartmann & Braun, Frank-furt/Main).

a Einstellmarke; *b* Meßzeiger; *c* Wippe; *d* Druckstück; *e* Fallbügel; *f* Kurvenscheibe; *g* Getriebe; *h* Synchron-motor; *i* Tragarm; *k* Schaltröhre; *l* Meßwerk.

c) **Gemischregelung.** Auf eine Regelung von Hand, bestehend in der zur Gasmengenverstellung zwangläufig mitbetätigten Verstellung der Luft-menge, wurde bei Erwähnung der *Einhandmischer* (S. 42) hingewiesen. Die Be-dienung des Hebels kann auch von einem Temperaturregler gesteuert werden.

In sehr einfacher, jedoch weniger mechanisierter Weise kann man das Gas-Luft-Gemisch konstant halten bzw. von Hand aus nachregeln, wenn man in die Gas- und die Luftleitung parallel je einen *Schwimmermesser* (S. 62) einbaut, diese neben-einander anordnet und die Skalenteilungen beider Messer im richtigen Verhältnis des Gas-Luft-Gemisches vornimmt, so daß bei jedem gleich hohen Stand beider Schwimmer das Gas–Luft-Gemisch unverändert bleibt. Wird dann z. B. der Stand des Gasschwimmers geändert, so braucht der Bedienungsmann nur den Luft-schwimmer auf gleiche Höhe zu bringen.

Einige Beispiele von Gemischregelungen, verbunden mit einer Temperatur-regelung bringt W. Litterscheidt [*16*].

3. Sicherheitseinrichtungen. Je nach dem Primärzweck, den eine Sicherheits-einrichtung erfüllen soll, unterscheidet man: einfache *Gasmangelsicherungen*, die auch *Druckmangelsicherungen* genannt werden; *Gasmangelsicherungen* in Verbin-dung mit einer *Druckregelung*, sogenannte *Sicherheitsdruckregler*; *kombinierte Gas-und Luftmangelsicherungen; Zündsicherungen;* Zusatzsicherungen zur Zündsicherung, wie *Luftmangel-, Strommangel-, Wassermangelsicherungen; Rückstromventile.*

Die Sicherheitseinrichtungen sind auf verschiedenen Grundvorgängen auf-gebaut, von denen hier vier näher gekennzeichnet werden sollen; die *bimetallischen*, die *pneumatischen (gasdruckgesteuerten)*, die *thermo-elektrischen* und die auf *Flam-menionisation* beruhenden Einrichtungen. Eine Übersicht über den Stand dieses in voller Entwicklung befindlichen Sondergebietes geben G. Hegwein [*17*] und O. Suter [*18*], abgesehen von dem weiter oben genannten Sonderschrifttum.

a) Bimetallsicherungen. Verschweißt man zwei metallische Bänder von verschiedener thermischer Ausdehnung zu einem einzigen Band und erhitzt es, so krümmt es sich. Diese Erscheinung benutzt man z. B. bei den sogenannten *Spreizzündern* als Sicherungseinrichtung. Für die sich stark ausdehnende Schicht kann man Nickel–Eisen-Legierungen benutzen, für die sich schwach ausdehnende Schicht Nickel–Chrom-Stahl. An Stelle der Bänder, wie sie auch der Abb. 82 zugrundeliegend gedacht sind, kann man auch kreisförmige Plättchen verwenden.

Bei einer nach Abb. 82 arbeitenden Einrichtung wird zunächst lediglich die Zündflammenleitung geöffnet. Dann muß die Zündflamme zum Brennen gebracht werden. Sie bespült den Spreizzünder, der sich nunmehr dehnt und die Gasleitung zur Hauptflamme öffnet. Wird aus irgendeinem Grund

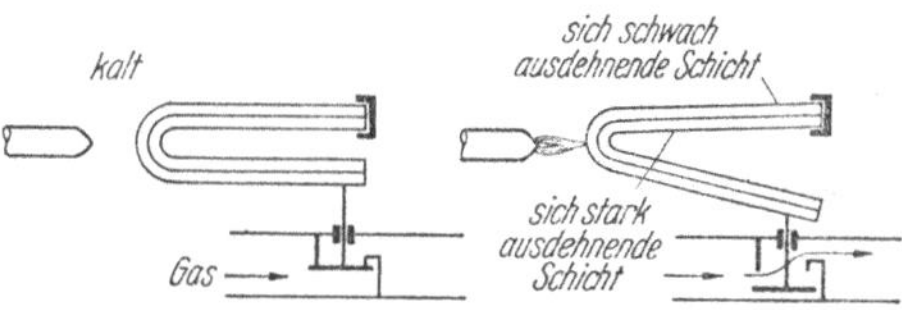

Abb. 82. Bimetall-Sicherung.

die Zündflamme gelöscht, dann kehrt das Bimetall in die ursprüngliche Lage zurück und schließt damit die Gaszufuhr in der Hauptleitung ab. Die Zündflammenmenge selbst ist so gering, daß die dort unverbrannt ausströmende Gasmenge bei den für diese Art von Sicherungen geeigneten Anlagen keine Gefahr bedeutet.

b) Gasdruckgesteuerte Sicherungen. Der *Sicherheits-Zündschalter* Abb. 83 vereinigt eine *Gassicherung* und eine *Zündsicherung*. Er kann nur in Betrieb genommen werden, wenn der Brennerhaupthahn zuvor geschlossen ist und ein bestimmter betriebswichtiger Zustand, z.B. hier: daß die Zündflamme brennt, erfüllt ist. Die Zündsicherung arbeitet nach dem Grundsatz, daß die im kalten Zustand flache Wärmescheibe das in der Zündsicherung vorhandene Ventil öffnet, wodurch der Raum über der Membran des Gasschalters über die Steuerleitungen Gasverbindung erhält; dadurch schließt sich das Hauptventil der Gassicherung. Das Gas tritt von unten, bei größeren Sicherungen von der Seite in die Gassicherung ein. Im Raum unter der Membrane der Gassicherung herrscht in Offenstellung der Brennerdruck, in Schließ-

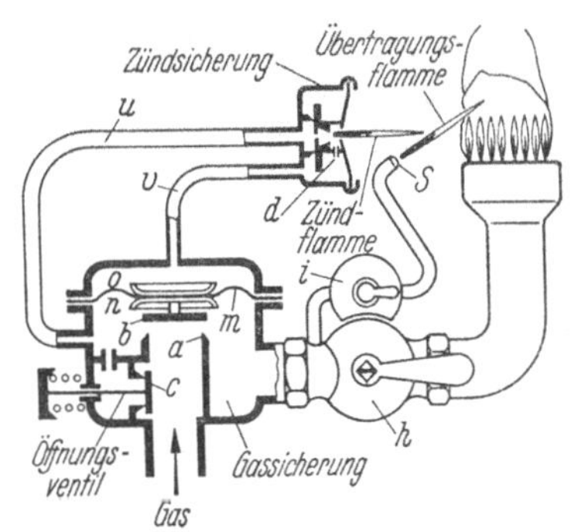

Abb. 83. Sicherheits-Zündschalter (Kromschröder, Osnabrück).

a Ventilsitz; *b* Ventilteller; *c* seitliches Öffnungsventil; *d* Düse; *h, i* Gashähne; *m* Membrane; *n* Raum unterhalb der Membrane *m*; *o* Raum oberhalb der Membrane *m*; *s* Hilfsbrenner; *u, v* Steuerleitungen.

stellung ist er drucklos. Durch Druck auf das seitliche Öffnungsventil der Gassicherung kann ein wenig Gas unter die Membrane geleitet werden, worauf diese sich bei geschlossenem Gashaupthahn des Brenners hebt. Bei offenem Brennerhahn ist die Gasmenge zu gering, als daß sie unter der Membrane einen wirksamen Gasdruck auszubilden vermöchte. Abb. 84 zeigt die verschiedenen Stellungen bei der Sicherung nach Abb. 83 und läßt die Betriebseigenarten erkennen.

c) Thermo-elektrische Sicherungen beruhen auf der Stromerzeugung durch ein *gasbeheiztes Thermo-Element*. Der entstehende elektrische Strom hält einen *Elektromagnet* wirksam, der das Gasventil offen hält. Fällt die Elektrowirkung weg, schließt sich das Gasventil — Abb. 85.

Eine Fortentwicklung dieser Sicherung ist die *Elektro-Gassicherung*, bei der nicht mit einem durch Thermo-Element erzeugten Strom, sondern mit einer fremden Stromquelle gearbeitet wird.

5*

d) Flammenionisations-Sicherungen haben eine gewisse Ähnlichkeit mit den thermo-elektrischen Sicherungen, arbeiten aber ohne Thermo-Element. Sie beruhen darauf, daß Flammengase eine, wenn auch geringe Leitfähigkeit für elek-

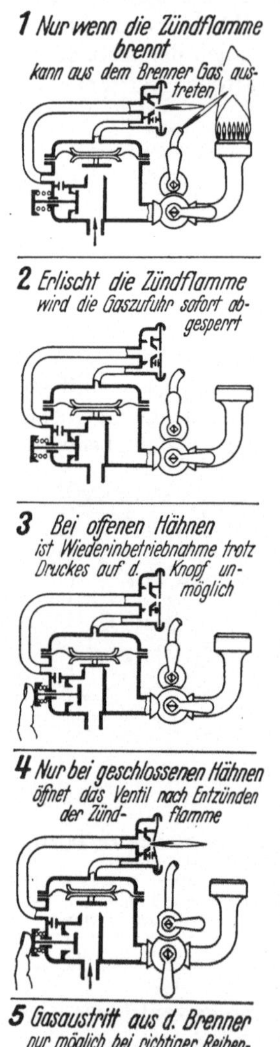

Abb. 84. Betriebsstellungen des Sicherheits-Zündschalters (Kromschröder, Osnabrück).

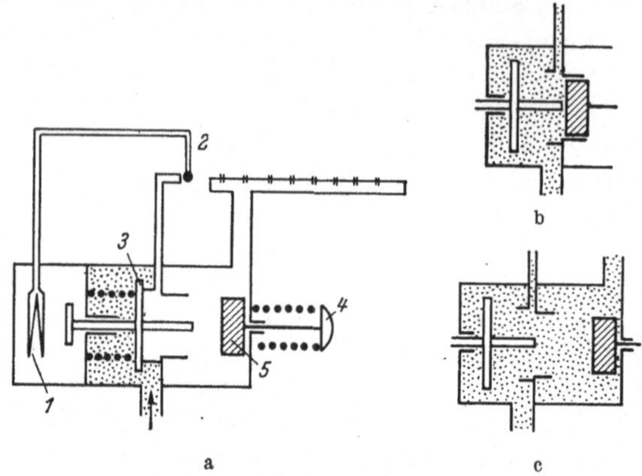

Abb. 85a···c. Schema einer thermoelektrischen Sicherung und Betriebsstellungen (Hegwein, Stuttgart-Cannstatt).
1 Elektromagnet; *2* Thermoelement; *3* Gasventil, sog. *Magnetventil*; *4* Druckknopf; *5* Kolben.
Abb. 85a. Ruhestellung: kalt, geschlossen.
Abb. 85b. Anzünden: Druckknopf betätigen, Gas zur Zündflamme frei, Kolben verschließt Hauptgasweg.
Abb. 85c. Betrieb: Druckknopf loslassen, Elektromagnet hält Gasventil fest, alle Gaswege offen (frei!).

trischen Strom zeigen und außerdem einen Gleichrichtereffekt bewirken. Bringt man nun in den Bereich der Zündflamme zwei Elektroden, die mit einer geeigneten Stromquelle verbunden sind, so wird kein Strom fließen, wenn keine Flamme brennt, sondern das Gas unverbrannt ausströmt. Infolgedessen sind die Magnetventile, mit denen auch hier gearbeitet wird, geschlossen. Nach Entzünden der Zündflamme wird der Strom zwischen den Elektroden geleitet; er muß, da er klein ist, verstärkt werden, wozu man entweder Elektronenröhren oder besser eine Vereinigung von Glimmlampen und Kondensatoren benutzen kann. Er betätigt dann die Magnetventile.

4. Gasanalytische Untersuchungen. Wenn auch die Untersuchung von Gasen eigentlich zur *Meßtechnik* gehört, soll sie doch am Schluß dieses Abschnittes kurz behandelt werden, weil Untersuchungen dieser Art in Werkstätten, wenn überhaupt, nur selten ausgeführt werden. Brenngasanalysen scheiden deswegen aus, weil man sich die *Zusammensetzung* in der Regel vom Gaslieferer geben lassen kann. Gleiches gilt auch für den *Gasheizwert* und die *Gasdichte*. Es kommen daher in erster Linie *Abgasanalysen* in Betracht, wobei es sich um die Bestimmung des Gehaltes an *Kohlendioxyd* und *Sauerstoff* handelt. Die bekannteste Apparatur ist der ORSAT-Apparat, in dem die Raumanteile an den beiden Gasbestandteilen durch Absorption in Lösungen (Kohlendioxyd: Kalilauge; Sauerstoff: alkalische Pyrogallol-Lösung) und Ermittlung des durch die Absorption verschwundenen Gasvolumens bestimmt werden. Es gibt aber auch *spezifische physikalische* Methoden zur Gasanalyse, auf die hier nicht eingegangen werden kann. Die Meßgeräte-Industrie liefert hochempfindliche Apparaturen. Das Ergebnis kann entweder nur *angezeigt* oder aber auch *laufend aufgezeichnet* werden.

H. Ofenbetrieb.

Da allgemein der Brennstoffverbrauch von beheizten Industrieanlagen die Wirtschaftlichkeit des Gesamtbetriebes meist nicht unwesentlich beeinflußt, ist es wichtig, die Anlagen so zu betreiben, daß man bei Erzielung der gestellten Aufgabe mit dem, auf das Ergebnis bezogen, *geringsten Brennstoffverbrauch* auskommt. Dieser spezifische Brennstoffverbrauch beeinflußt aber nicht allein mit den unmittelbaren Brennstoffkosten die Wirtschaftlichkeit eines Werks, sondern er hat auch mittelbar Kosten-Folgen. Es gilt ziemlich allgemein die Regel, daß mit übermäßigem spezifischem Brennstoffverbrauch gleichzeitig die Qualität der Erzeugnisse verschlechtert wird und die Ofenanlagen rascher verschleißen. Wenn man schließlich bedenkt, daß auch der Betriebsmann durch gesteigerte Hitzeeinwirkung belästigt werden kann, sprechen übergeordnete und persönliche Gründe dafür, den Ofenbetrieb auf den optimalen Bedingungen zu halten. Aus diesem Grund sind von verschiedenen Seiten Richtlinien oder Anweisungen für die Ofenbedienung bzw. allgemein den Ofenbetrieb zusammengestellt worden.

Gerade mit Rücksicht auf die Eigenarten der Werkstättenbetriebe stützen sich die folgenden Ausführungen auf die ihnen besonders gut angepaßten vom DVGW aufgestellten *Richtlinien für den wirtschaftlichen Betrieb gasbeheizter Industrieöfen kleiner und mittlerer Größe* [19] bei Stadtgas- oder Ferngasbeheizung und Arbeitstemperaturen bis etwa 1400° C. Diese Richtlinien wurden hier ergänzt durch entsprechende andere Ausarbeitungen (Wärmestelle Düsseldorf des VDEh).

1. Ofenbauart, Größe und Zustand. Ofenbauart und Größe sind unter Berücksichtigung aller Umstände so zu wählen, daß der gewünschte Durchsatz mit dem geringsten Wärmeaufwand erreicht wird. Dies ist der Fall, wenn der Herdraum voll ausgenutzt wird und der Ofen bei gleichmäßiger Belastung ohne Unterbrechung in Betrieb ist. Kurzzeitige, unterbrochene Wärmeprozesse sind dafür möglichst zusammenzulegen, damit lange, ununterbrochene Betriebszeiten und damit bessere Ofenausnutzung erzielt werden. Da Schäden am Ofen den Gasverbrauch ungünstig beeinflussen, ist der Ofen in gutem Zustand zu halten; jeder bauliche Mangel oder Schaden am Ofen selbst oder an den Hilfseinrichtungen, z. B. festgeklemmte Schieber, beschädigte Türen, undichte Mauerwerkstellen oder nicht einwandfrei arbeitende Absperr- und Regeleinrichtungen sind umgehend wieder einwandfrei betriebsfähig zu machen. Zum guten Ofenzustand gehört es auch, daß der Ofen nicht als Trockenanlage für nasse Gegenstände, als Kleiderablage oder gar als Schuttablageplatz benutzt wird. Die Umgebung des Ofens ist sauber, die Zugänge zu den Bedienungseinrichtungen sind frei zu halten.

2. In- und Außerbetriebnahme. Vor jedem Anstecken des Gases wird zur Vermeidung von Gasexplosionen der Ofen gut durchlüftet, indem der Abgasschieber (siehe 5.) geöffnet und kurz Luft durch die Brenner geblasen wird. Beim Abstellen des Ofens ist der Kaminschieber vollständig zu schließen und eine etwa vorhandene Zugsperre zu öffnen. Alle Türen und sonstigen Öffnungen werden dicht geschlossen und, insbesondere bei größeren Betriebspausen, womöglich verschmiert; all dies, damit der Ofen nicht zu stark abkühlt. Auf der Schaffplatte darf keine Schlacke o. dgl. belassen werden, damit das dichte Schließen der Türen nicht behindert wird. Beim Wiederanheizen wird unter Einstellung und Aufrechterhaltung eines

Gas–Luft-Gemisches mit einem zur vollständigen Verbrennung ausreichenden, geringen Luftüberschuß die Gas- und Luftzufuhr allmählich gesteigert, damit das Mauerwerk vor schädlichen Spannungen, die bei großen Temperaturunterschieden auftreten, verschont bleibt.

Für die Bauart und Größe von Öfen ist die Kenntnis der Arbeitstemperatur und des spezifischen Gasverbrauchs wichtig. Es gelten nach Ruhrgas-Taschenbuch 1951 [20]:

	Arbeitstemperatur °C	spezifischer Ferngasverbrauch ($Hu =$ 4000 kcal/Nm³) Nm³/t Einsatz
Eisen- und Stahlindustrie		
Kleinschmiedeofen	1350	150···300
Großschmiedeofen	1200	350···500
Wärmofen für Nieten und Schrauben	1250···1300	200···250
Großglühofen (Herdwagen) für Stahlguß	900···1000	160···180
Kistenglühofen	700··· 850	150···200
Topfglühofen	650··· 850	80···120
Haubenglühofen	600··· 900	60··· 80
Stangen- und Rohrglühofen	900··· 950	80···120
Normalisierofen (für Bleche)	950···1000	90···120
Temperöfen:		
Kammeröfen	980	600···900
Tunnelofen	980	400···500
Emaillieröfen:		
für Guß	700··· 800	320···350
für Blech	900···1000	320···350
Verzinkungsofen	460	400···800
Metallindustrie		
Kupfer-Raffinierofen	1420	250···350
Kupferwärmofen	800··· 900	100···150
Messingschmelzofen	1000	250···300
Messingwärmofen	700··· 800	80···120
Aluminiumschmelzofen:		
Bad	750	150···250
Tiegel	750	250···350

3. Betriebsdichtheit des Ofens. Bei dem in Betrieb befindlichen Ofen verursachen undichtes Mauerwerk, offene und schlecht schließende Türen große Wärmeverluste und damit erhöhten Gasverbrauch. Grundsätzlich sind überflüssige Öffnungen und Türen am Ofen zu vermeiden. Auch ungenügende Isolierung der Ofenwandungen und Türen führt zu erheblichen Wärmeverlusten. Alle Türen und Schauöffnungen sind nur so lange und so weit zu öffnen, wie es zur Bedienung des Ofens unbedingt erforderlich ist. Andernfalls wird durch die geöffneten Türen sehr viel Wärme ausgestrahlt, oder es tritt Falschluft ein.

4. Ofendruck und Ausflammverluste. Öfen sollen mit geringem Überdruck betrieben werden, damit keine Falschluft eingesaugt wird. Infolge zu hohen Überdrucks entstehen Ausflammverluste. Die Hitzebelästigung der Umgebung steigt, die Armaturen des Ofens werden stark angegriffen und der Gasverbrauch erhöht sich. Der Ofendruck wird mit dem Abgasschieber (siehe 5.) geregelt. Bei richtiger Einstellung blasen die Öfen unterhalb der Türkante nur schwach aus. Durch Unterdruck im Ofen wird schädliche Falschluft eingesaugt, wodurch sich ebenalls der Gasverbrauch erhöht. Bei jeder Änderung der Gas- und damit im gleichen Verhältnis der Luftzufuhr muß der Ofendruck mit dem Abgasschieber nachgeregelt werden.

Die Kontrolle des vorhandenen Überdrucks ist durch empfindliche Meßgeräte möglich, aber nicht unbedingt notwendig. Es genügt, vor eine Kontrollöffnung eine brennende Kerze oder eine rauchende Lunte zu halten, deren Verhalten Aufschluß über die Höhe des Ofendrucks gibt. Es genügt sogar oft, die aus der Kontrollöffnung austretenden Verbrennungsgase gegen die innere Handfläche strömen zu lassen. Die verspürte Druckwirkung des ausströmenden Gases gibt ebenfalls Aufschluß über die Höhe des Überdrucks im Ofen.

5. Abgasschieber. Der Ofen muß einen verstellbaren und dicht schließenden Abgasschieber haben. Er dient zur Einstellung des Ofendrucks (siehe 4.) und zum dichten Abschluß des Ofens in Betriebspausen (siehe 2.). Bei kleineren Öfen ohne Abgasschieber wird der Abschluß während der Betriebspausen durch Auflegen eines Steins oder einer Schamotteplatte auf die Abgasöffnung erreicht.

Die durch den Abgasschieber oder die aufgelegte Platte eingestellte Dichtheit des Ofens während der Ruhepausen wird geprüft, indem man die Ofentemperatur mißt. Der nach bestimmten Zeitabschnitten eingetretene Temperaturabfall gegen die Arbeitstemperatur gibt einen Anhalt für die Güte der Dichtheit. Sie läßt sich auch wie der Ofendruck mit einer brennenden Kerze oder rauchenden Lunte überwachen (siehe 4.). Auch während der Ruhepause gilt bezüglich der anderen Öffnungen das unter 3 Gesagte.

6. Einstellung der Verbrennung. Richtige Einstellung der Verbrennung ergibt geringsten Gasverbrauch. Sie ist falsch eingestellt, wenn Luftmangel oder ein zu großer Luftüberschuß vorhanden ist. In Sonderfällen, zum Beispiel zur Durchführung einiger metallurgischer Verfahren, ist Luftmangel unvermeidlich. Bei Luftmangel kann das Gas nicht vollständig verbrennen, und es entweichen mit den Abgasen unverbrannte Gase aus dem Ofen, wodurch Wärmeverluste entstehen. Bei zu großem Luftüberschuß ist die Abgasmenge unnötig groß, so daß aus dem Ofen zu viel Wärme mit der Überschußluft der Abgase fortgetragen wird. Die Verbrennung ist dann richtig eingestellt, wenn nur so viel Luft zugeführt wird, wie zur vollständigen Verbrennung des Gases gerade notwendig ist. Arbeiten mehrere Brenner in einen Feuerraum, so wird bei Luftüberschuß an einem Brenner und Luftmangel an einem anderen für beide Brenner zusammen keineswegs gute Verbrennung erreicht, weil sich die Brennerstrahlen im allgemeinen im Feuerraum nicht mischen. Es muß also jeder einzelne Brenner auf gute Verbrennung eingestellt werden. Wird die Gaszufuhr eines Brenners geändert, dann muß auch die Luftzufuhr im gleichen Sinn geandert werden und umgekehrt, damit bei jeder neuen Einstellung die Verbrennungseinstellung (das Mischungsverhältnis) ungeändert bleibt.

Die Einstellung der richtigen Verbrennung läßt sich am genauesten durch Untersuchung der Abgase auf ihren Gehalt an Kohlendioxyd und Sauerstoff feststellen. Man mißt mit dem Orsatapparat, ob der größtmögliche Kohlendioxydgehalt der Abgase erreicht ist. Für genauere Messungen muß auch der Sauerstoffgehalt bestimmt werden. Der größtmögliche Kohlendioxydgehalt (s. S. 15) von Stadt- oder Ferngas kann, falls er nicht selbst ermittelt wird, vom Gaslieferer erfragt werden. Für betriebsmäßige Untersuchungen kann man angenähert mit $CO_2,\,max$ gleich etwa 12 Vol-% für Gaswerksgas und etwa 10 Vol-% für Ferngas rechnen. Der Sauerstoffgehalt der Abgase soll 1, höchstens 2 Vol-% betragen, wenn nicht das Arbeitsverfahren die Anwesenheit von Sauerstoff verbietet. Man kann ferner auf Kohlenoxyd prüfen, dessen Gehalt bei guter Verbrennung gleich Null sein muß.

Falls eine Untersuchung mit dem Orsatapparat nicht möglich ist, läßt sich die richtige Einstellung der Verbrennung angenähert in folgender Weise beurteilen: Bei den hier in Betracht kommenden Öfen erscheint die Verbrennung im heißen Ofen bei richtiger Einstellung für das Auge meist flammenlos, die Verbrennungsgase sind klar und durchsichtig. Die heißen Abgase, die infolge ihres Überdrucks aus einer an geeigneter Stelle (meist am Ofenende) befindlichen Kontrollöffnung austreten, zeigen keine Flammen. Da sich aber dieses Bild der Verbrennung auch bei zu hohem Luftüberschuß ergibt, drosselt man die Luft mehr und mehr, bis die aus der Kontrollöffnung austretenden Abgase eine Flamme zeigen; dann hat man bereits Luftmangel im Ofen und muß daher die Luftzufuhr wieder so weit steigern, daß die Flamme gerade verschwindet und die Verbrennungsgase im Ofen und im Abzug keinen bläulichen Schleier aufweisen, sondern durchsichtig sind. Dann hat man angenähert richtige Verbrennung. Man kann auch, so weit Flammen auftreten, das Flammenbild zur angenäherten Beurteilung heranziehen:

Blaugrün bedeutet zu viel Gas, gelb geringen Gasüberschuß, rötlichgelb richtiges Gemisch und unsichtbar zu viel Luft. — Im übrigen sind etwaige Vorschriften der Hersteller für die Brennereinstellung zu berücksichtigen.

Auch der Temperaturzustand im Ofen gibt einen Anhalt über die Verbrennung des Gases. Bei einem bestimmten Gasverbrauch, aber veränderlicher Luftmenge, hat der Ofen bei richtiger Verbrennung die Höchsttemperatur, während bei Luftmangel oder -überschuß geringere Temperaturen im Ofen herrschen. Zweckmäßigerweise wird bei gleichbleibendem Heizwert und gleichbleibender Gaszusammensetzung eine Mischeinrichtung (s. S. 42) für Gas und Luft benutzt, die das Verhältnis Gas zu Luft bei Änderung der Gaszufuhr selbsttätig nahezu gleichhält, oder es wird in die Gas- und Luftleitung je ein Schwimmer- oder Staurandmesser mit gleichen Skalen (s. S. 66) eingebaut, deren Ablesung jederzeit die genaue Prüfung der Gemischeinstellung ermöglicht. Der Ofenmann braucht daher nur beide Schwimmer bzw. Zeiger auf gleiche Skalenstriche einzuregeln, um stets das Gemisch für die richtige Verbrennung zu bekommen. Man kann auch für die wichtigsten Betriebsfälle die Einstellungen an Gas und Luft auf das richtige Gemisch an den Reguliervorrichtungen der beiden Medien markieren.

7. Abgaswärme. Die Abgastemperatur ist meist sehr hoch. Es entweichen so mit den Abgasen große Wärmemengen aus dem Ofen, die zum Teil dadurch noch nutzbar gemacht werden können, daß das Wärmgut oder die Verbrennungsluft (s. S. 20) vorgewärmt werden. Auch können die Abgase für andere Zwecke, z. B. Raumheizung, Warmwasserbereitung, Beheizen von Trockenöfen oder dergleichen ausgenutzt werden.

Das Wärmgut kann entweder in einer zweiten Ofenkammer, die mit den Abgasen beheizt wird, oder bei Fließbetrieb durch Anbau eines Vorwärmherdes an den eigentlichen Arbeitsraum und Beförderung des Glühgutes mittels Ketten, Bändern, Durchstoßen, Durchrollen usw. vorgewärmt werden. Auf diese Weise erzielt man eine nicht unerhebliche Gasersparnis. Bei Anwendung von Verbrennungsluftvorwärmung soll die Vorwärmtemperatur möglichst mindestens 300···350° erreichen. Auch die Vorwärmung auf geringere als die genannten Temperaturen bringt jedoch immer noch Wärmegewinn, also Gasersparnis.

8. Überwachung und Regelung der Ofentemperatur. Unnötig hohe Temperaturen bedingen großen Gasverbrauch. Zu geringe Temperaturspanne zwischen Ofen- und Arbeitstemperatur verursacht längere Wärmzeiten und damit ebenfalls großen Gasverbrauch. Die Temperatur soll daher durch ein geeignetes Meßgerät überwacht werden.

In Betrieben, in denen an die Genauigkeit der Temperatur hohe Anforderungen gestellt werden oder der Ofen nicht mit der notwendigen Aufmerksamkeit bedient werden kann, ist die selbsttätige Temperaturregelung anzuwenden (s. S. 65), die sich bei gasbeheizten Öfen auch nachträglich leicht einbauen läßt und sich gassparend auswirkt.

9. Überwachung des Gasverbrauchs. Nur durch ständige Messung des Gasverbrauchs kann unter gleichzeitiger Kontrolle des Durchsatzes des Ofens festgestellt werden, ob der spezifische Gasverbrauch sich in angemessenen Grenzen hält.

10. Meßgerätebetrieb. Alle eingebauten Meßgeräte müssen laufend benutzt und gut gepflegt werden. Die Anzeigen sind für die optimale Einstellung des Ofens auszuwerten.

11. Ofenkarte. Für jeden Ofen muß eine Ofenkarte angelegt werden, auf der der Hersteller und die Kenngrößen des Ofens (Herdgröße, Nutzraum usw.) vermerkt sind. In diesen Karten sind laufend Eintragungen über Gasverbrauch, Instandsetzungen und sonstige Betriebszahlen zu machen.

Steht geeignetes Personal zur Beurteilung des Ofens und zur Durchführung von Nachprüfungen dem Betrieb nicht zur Verfügung, dann soll sich der Gasabnehmer an den Gaslieferer wegen Einschaltung der hierfür bestehenden Prüf- und Wärmestellen wenden.

12. Zusammenfassung. K. Rummel hat die wichtigsten Bedienungsmaßnahmen in Form des reizvollen, diesen Abschnitt abschließenden Gedichts launisch zusammengefaßt:

<table>
<tr><td>

Gas ist knapp, um Gas zu sparen,
Lern den Ofen richtig fahren!
Drehe nie die Luft ihm ab,
Luft ist billig, Gas ist knapp!
Wer an Brennstoff sparen will,
Gebe auch nicht Luft zu viel!
Doch in noch viel schlimmrem Maß
Wirkt ein Überschuß an Gas,
Denn es bildet sich dann so
In dem Ofen das C–O.
Spalten mußt du gut verschmieren!

</td><td>

Achte auf geschlossne Türen!
Hast du nicht genügend Zug,
So entsteht im Ofen Druck.
Ist der Druck in ihm zu hoch,
Flammt es aus an jedem Loch!
Ist der Druck in ihm zu klein,
Zieht er falsche Luft hinein!
Diesen Druck mußt du beim Feuern
Mit dem Essenschieber steuern!
In den Pausen säume nicht,
Ihn zu schließen, gut und dicht!

</td></tr>
</table>

IV. Sonstige Gasanwendungsmöglichkeiten

Die Brenngase sind grundsätzlich zur Deckung jedes Wärmebedarfs von Werkstätten geeignet. Nicht nur die reine Wärmebehandlung, der die vorangehenden Abschnitte gewidmet sind und die zweifellos den Hauptanteil der Wärme in Werkstättenbetrieben beanspruchen, gehören hierher. Es wären etwa noch das *Löten*, *Schweißen* und *Schneiden* als Bearbeitungs- oder Fertigungsvorgänge zu nennen. Aus der ferner verbleibenden Fülle sollen die *Werkstattbeheizung*, die *Warmwasserbereitung* und die *Dampferzeugung* etwas ausführlicher gestreift werden. Sie weisen untereinander manche verfahrenstechnischen Analogien auf.

A. Großraumbeheizung

Die Beheizung von Werkstätten gehört typisch zur *Großraumbeheizung* im Gegensatz zur Wohnraumbeheizung. So weit sie durch *Zentralheizungsanlagen* vorgenommen wird, entsprechen die Anlagen den Einrichtungen für Warmwasserbereitung oder Dampferzeugung. Im allgemeinen zieht man aber für Werkshallen die bei schwankendem Bedarf anpassungsfähigeren Warmluftheizungen mit gasbeheizten *Lufterhitzern* oder die *Strahlungsheizung* vor.

1. Gaslufterhitzer arbeiten nach dem *rekuperativen Prinzip des Wärmeaustauschs* (s. S. 24), also mit *indirekter* Beheizung. Es lassen sich alle Gasarten von den Schwachgasen bis zu den Flüssiggasen heranziehen. Die Luft, die entweder dem zu beheizenden Raum selbst (*Umluftbetrieb*) oder der Atmosphäre außerhalb von ihm (*Frischluftbetrieb*) bzw. beiden (*Mischluftbetrieb*) entnommen wird, saugt ein Ventilator an, drückt sie durch den Apparat, wobei sie sich aufwärmt, und bläst sie in den zu beheizenden Raum.

Benutzt man die S. 55 genannte Einrichtung für Umwälzfeuerungen zur Luftaufheizung, indem man die dort geschilderte Konstruktion auf den hier angestrebten Zweck sinngemäß umkonstruiert, so kommt man zum Gasluftheizer „*Thermon*" von SCHILDE, Bad Hersfeld.

Von den verschiedenen Bauarten, die sich in der Praxis bewährt haben und bei Wirkungsgraden zwischen 80 und 90% den Gasheizwert in günstiger Weise ausnutzen, sei als Beispiel der *Gas-Liescotherm-Einzellufterhitzer* Abb. 86 und 87 genannt. Er besteht aus einer feuerfesten Brennkammer mit einem Leuchtflammenbrenner und einer Gasschalter-Sicherheitsarmatur. Das Heizregister ist aus ovalen Rohrelementen aus einem hochhitzebeständigen und korrosionsfesten Sonderguß mit rauchgasseitiger und luftseitiger Flossen- bzw. Nadelverrippung zusammengesetzt. Die Luft wird von einem Hochleistungs-Axiallüfter, der elektrisch angetrieben wird, durch die Apparatur befördert. Die Warmluftkammer hat verstellbare Warmluft-Jalousiegitter. Die Abgashaube ist mit einer Strömungssicherung versehen. Der Lufterhitzer wird mit den gebräuchlichen Leistungen von

25 000/50 000/70 000/100 000/165 000/250 000 kcal/h gebaut. Einen Einblick in die übrigen Betriebsdaten geben die Angaben für den 50000 kcal/h-Typ: Luftmenge ca. 3000 m³/h, Gasverbrauch ca. 14 m³/h, Motorleistung ca. 0,3 kW.

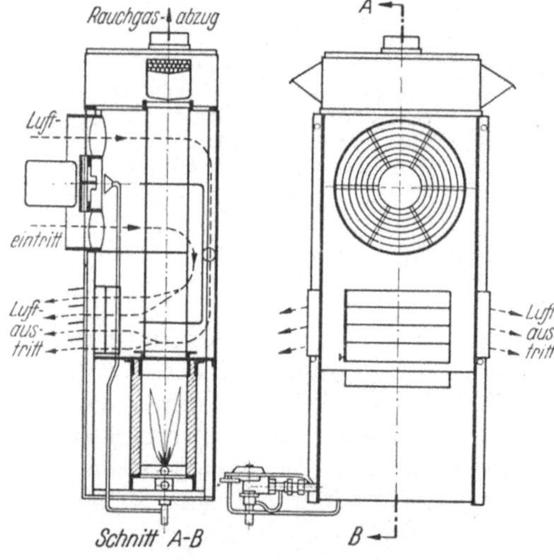

Abb. 86. Liescotherm-Einzelgaslufterhitzer im Schnitt (Industrie-Companie Kleinewefers, Krefeld).

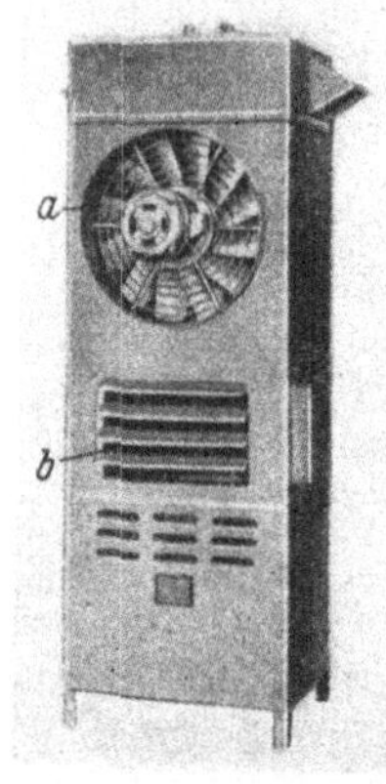

a Ansaugventilator (Kaltluft);

b Anblaseteil mit Jalousien (Warmluft).

Abb. 87. Liescotherm-Einzelgaslufterhitzer, Ansicht: Wärmeleistung 50 000 kcal/h (Industrie-Companie Kleinewefers, Krefeld).

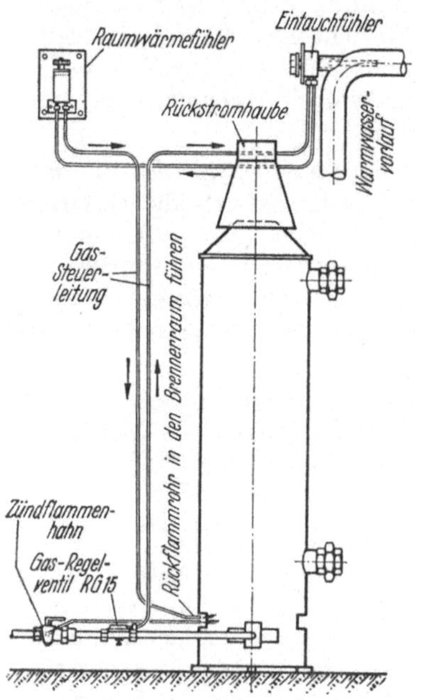

Abb. 88. Warmwasserumlauf-Kleinstofen „Circulo" mit Raum- und Wassertemperaturregelung (Gasgeräte-Ges. Barsch, Bochum).

Abb. 89. Warmwasserumlauf — Kleinstofen „Circulo", Ansicht (Gasgeräte-Ges. Barsch, Bochum).

a Gasanschluß;
b Wasseranschlüsse.

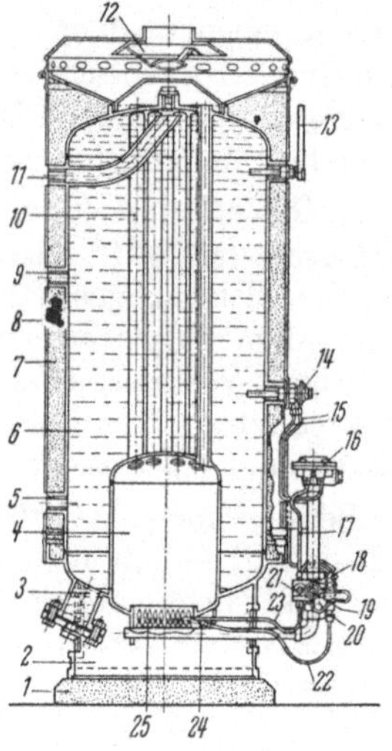

Abb. 90. Gas-Warmwasserspeicher (Rohleder, Stuttgart-Feuerbach).

1 Sockel; 2 Fuß; 3 Putzloch; 4 Feuerbuchse; 5 Kaltwasser-Eintritt; 6 Innenkessel; 7 Isolierung; 8 Isoliermantel; 9 Zirkulation; 10 Heizrohre; 11 Warmwasser-Austritt; 12 Strömungssicherung; 13 Thermometer; 14 Temperatur-Regler; 15 Steuerleitungen; 16 Regelschalter; 17 Anzündleitung; 18 Druckknopfblock; 19 Brennerhahn; 20 Schwenkstück; 21 Stichflammenhahn; 22 Doppelrohr; 23 Stichflammenleitung; 24 Spreizzünder; 25 Brenner.

2. Strahlungsheizgeräte. Die sogenannten „Infrarot"-Strahler, die bereits für die Anwendung zur Wärmebehandlung genannt wurden (S. 54), können — für

Großraumheizung nur mit Arbeitstemperaturen um 800° C — auch zur Raumheizung bei geringem Gasverbrauch benutzt werden. Da die Luft Wärmestrahlen praktisch nicht absorbiert, bleibt sie selbst kalt. Die „Heizung" kommt nur dadurch zustande, daß die Wärmestrahlen auf feste Stoffe treffen und ihre Energie dann wieder als Wärme frei wird. Die Strahlungsheizung kommt der natürlichen Erwärmung durch die Sonne am nächsten.

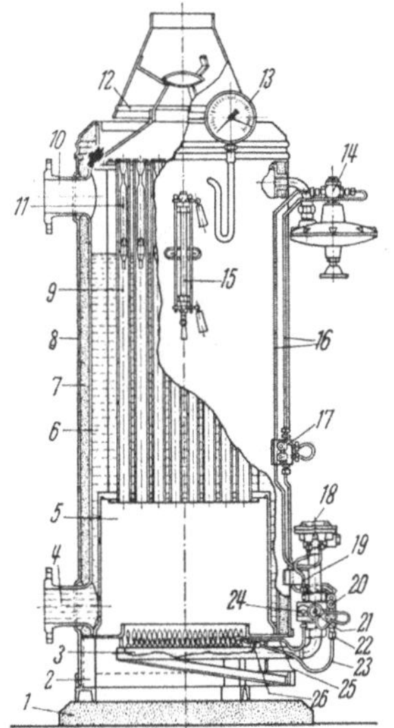

Abb. 91. Stehender Gas-Niederdruck-dampfkessel (Rohleder, Stuttgart-Feuerbach).

1 Sockel; 2 Fuß; 3 Brenner; 4 Kondensat-Rücklauf; 5 Feuerbuchse; 6 Innenkessel; 7 Isolierung; 8 Isoliermantel; 9 Heizrohre; 10 Dampfentnahme; 11 Verdrängungsstäbe; 12 Strömungssicherung; 13 Manometer; 14 Dampfdruckregler; 15 Wasserstand; 16 Steuerleitungen; 17 Steuerleitungsblock; 18 Regelschalter; 19 Anzündleitung; 20 Druckknopfblock; 21 Brennerhahn; 22 Schwenkstück; 23 Doppelrohr; 24 Stichflammenhahn; 25 Anzündleitung; 26 Spreizzünder.

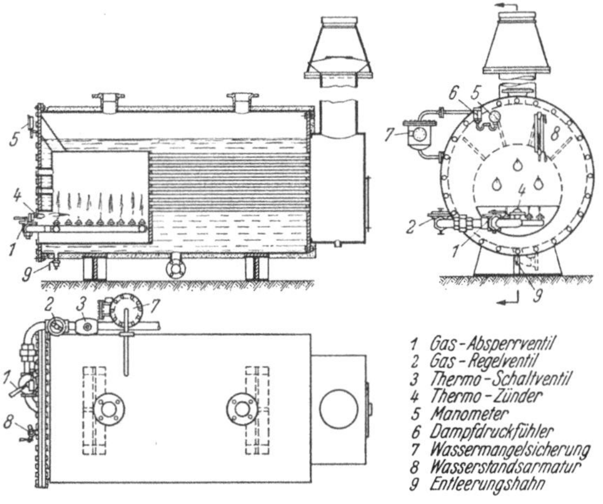

Abb. 92. Liegender Gas-Dampfkessel für Nieder- und Hochdruck (Gasgeräte-Ges. Barsch, Bochum).

3. Warmwasserheizung. Eine sehr originelle Heizeinrichtung auf der Grundlage der Warmwasserheizung ergibt der in Abb. 88 und 89 gezeigte *Kleinstheizkessel „Circulo"*, der für Leistungen von 5000 und 10 000 kcal/h gebaut wird. Im Rahmen der Werkstättenbetriebe hat diese Beheizungsmöglichkeit eine Bedeutung für Nebenräume oder Arbeitsecken und dergleichen. Es ist ein geschweißter Stahlkessel mit Lamellen aus hitze- und korrosionsfestem Material. Die Wärme wird in einer hohen Verbrennungskammer durch die Flammen- und Gasstrahlung stark übertragen, doch kommt auch der Konvektion ihr Anteil zu, so daß ein Wirkungsgrad von 88,5% erreicht wird.

B. Warmwasserbereitung [21].

Zur Bereitung von Warmwasser, nicht für Heizungsanlagen, sondern zum unmittelbaren Verbrauch in Bädern, Duschen usw. bestimmt, dienen die bekannten *Durchlaufwasserheizer* und *gasbeheizte Speicher*. Von letzeren bringt Abb. 90 ein Beispiel. Die gewöhnlichen Ausführungen erwärmen das Wasser in 2 Stunden von 10 auf 70° C, die Ausführungen mit verstärkter Heizleistung brauchen nur 1 h Aufheizzeit und erwärmen das Wasser von 10 auf 90° C. Die *wichtigsten Daten* beider Ausführungen bringt die Zusammenstellung (s. Tab. S. 76).

C. Dampferzeugung.

Von *gasbeheizten Dampfkesseln* bringt Abb. 91 einen *stehenden Niederdruck-Kessel* für Heizleistungen von 13 500···750 000 kcal/h, Abb. 92 einen *liegenden Kessel* für größere Leistungen als die üblichen stehenden Ausführungen

(250 000⋯1 000 000 kcal/h, entsprechend 0,4 bis 1,6 t Dampf/h), geeignet für *Nieder-* und *Hochdruckdampf*, Abb. 93 einen *Hochleistungs-Dampfkessel* für Leistungen von 1 224 000⋯3 168 000 kcal/h, der in einfacherer Ausführung auch bis 252 000 kcal/h herunter hergestellt wird.

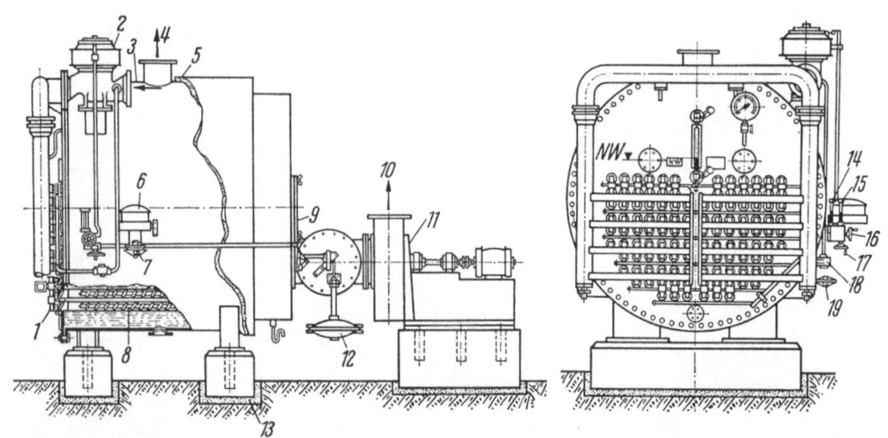

Abb. 93. Hochleistungs-Dampfkessel (Bamag-Meguin, Berlin u. Gießen/Lahn).

1 Gasbrenner; *2* Gasregelventil; *3* Gaseintritt; *4* Dampfaustritt; *5* Isolierung; *6* selbsttätiger Gasregler; *7* Druckregler mit Wassermangelsicherung; *8* Drallkörper; *9* Drosselklappe; *10* Abgase; *11* Ventilator; *12* Zugregler; *13* Isolierung gegen Erschütterungen und Geräusche; *14* Druckmesser; *15* Zugmesser; *16* Handrad für Zug; *17* Handrad für Gas; *18* Sicherheitsdruckregler; *19* Gasmangelsicherung.

Tabelle zu Abb. 90 (S. 74).

ERKA-Normalausführung			ERKA-Ausführung mit verstärkter Heizleistung		
Speicher-Inhalt l	Leistung bei $Hu =$ 3750 kcal/Nm³ kcal/h	Gasverbrauch dabei Nm³/h	Speicher-Inhalt l	Leistung bei $Hu =$ 3750 kcal/Nm³ kcal/h	Gasverbrauch dabei Nm³/h
150	4 500	1,40	200	22 000	6,90
200	6 000	1,98	300	26 500	8,30
250	7 500	2,40	400	35 000	11,00
300	9 000	2,80	500	44 000	13,80
400	12 000	3,80	600	53 000	16,60
500	15 000	4,70	750	66 000	20,70
750	22 500	7,10	1000	88 000	27,60
1000	30 000	9,40	1250	110 000	34,60
1250	37 500	11,80	1500	132 000	41,40
1500	45 000	14,10	2000	176 000	55,30
2000	60 000	18,80			

V. Schrifttumverzeichnis.

[*1*] SCHUSTER, F., Gas–Wasser–Wärme 5 (1951) S. 197/203.
[*2*] BRÜCKNER, H.: Handbuch der Gasindustrie. München und Berlin: R. Oldenbourg 1938ff.
[*3*] DVGW (H. LAURIEN), Die Gasversorgung. Essen: Vulkan-Verlag Dr. W. Classen 1952.
[*4*] Gas- und Wasserfach 82 (1939) S. 745: Richtlinien für die Gasbeschaffenheit.
[*5*] GUMZ, W.: Handbuch der Brennstoff- und Feuerungstechnik, 2. Aufl., S. 317ff; Berlin/ Göttingen/Heidelberg: Springer 1953.
[*6*] RICHTER, H.: Leitfaden der Technischen Wärmelehre. Berlin/Göttingen/Heidelberg: Springer 1950.
[*7*] KOPPERS-Handbuch, 3. Aufl. Essen 1953.
[*8*] USSAR, M.: Gaswärme 1 (1952) S. 17/25, 58/64: Einteilung der Industrieöfen mit besonderer Berücksichtigung der gasbeheizten Öfen.

[9] Linde, R. v.: Das Löten. (Werkstattbuch Heft 28). 4. Aufl. Berlin/Göttingen/Heidelberg: Springer 1954.

[10] Stehn, W.: Der Gasverkauf 4 (1953) Nr. 1, 3 u. 4: „Meß-, Regel- und Sicherheitseinrichtungen in Gasanlagen".

[11] Wärmestelle Düsseldorf des VDEH, Wärmetechnische Lehrblätter, Teil 5: „Druck-, Zug- und Mengenmessung". Düsseldorf: Stahleisen 1952.

[12] DIN 1952 — Regeln für die Durchflußmessung mit genormten Düsen und Blenden. Siehe auch DIN 19201 und 19202.

[13] Herning, F.: Grundlagen und Praxis der Mengenstrommessung. Düsseldorf: Deutscher Ingenieur-Verlag 1950.

[14] Lieneweg, F.: Temperaturmessung. Leipzig: Akademische Verlagsgesellschaft 1950.

[15] Böhnhoff, H.: Gaswärme 1 (1952) S. 64/68: „Elektrische Temperaturregelung".

[16] Litterscheidt, W.: Gas- und Wasserfach 92 (1951) S. 264/266: „Gemischregelungen, kombiniert mit einer Temperaturregelung".

[17] Hegwein, G.: Gas- und Wasserfach 91 (1950) S. 83/84. „Sicherheitseinrichtungen".

[18] Suter, O.: Gaswärme 2 (1953) S. 299: „Sicherheitseinrichtungen".

[19] Schumacher, E.: Grundlagen der industriellen Gasverwendung, S. 51; herausgegeben vom DVGW: „Richtlinien für den wirtschaftlichen Betrieb gasbeheizter Industrieöfen kleiner und mittlerer Größe". Essen: Vulkan-Verlag Dr. W. Classen 1947.

[20] Ruhrgas-Taschenbuch 1951.

[21] Bulnheim, H.: Warmwasserbereitung. Gaswärme 2 (1953) S. 265/81.

VI. Abkürzungen.

A_c	Eisenumwandlungspunkt bei Erhitzung.
A_r	Eisenumwandlungspunkt bei Abkühlung.
Al_2O_3	chemisches Zeichen für Tonerde.
at	technische Atmosphäre.
ata	absoluter Druck in technischen Atmosphären.
Atm	physikalische Atmosphäre.
atü	Überdruck in technischen Atmosphären.
B	Barometerstand.
BE	Brennstoffersparnis.
C	chemisches Zeichen für Kohlenstoff.
C	Celsius (in Verbindung mit Temperaturangaben).
c	Konstante.
$\bar{c}$	mittlere spezifische Wärme.
CH_4	chemisches Zeichen für Methan.
C_2H_6	chemisches Zeichen für Äthan.
C_3H_6	chemisches Zeichen für Propylen.
C_3H_8	chemisches Zeichen für Propan.
C_4H_{10}	chemisches Zeichen für Butan.
$C_n m_m$	Symbol für „schwere Kohlenwasserstoffe".
cm^2	Quadratzentimeter.
cm^3	Kubikzentimeter.
CO	chemisches Zeichen für Kohlenoxyd.
CO_2	chemisches Zeichen für Kohlendioxyd.
$CO_{2, max}$	Kohlendioxydgehalt eines trockenen Rauchgases bei vollständiger Verbrennung mit theoretischer Luftmenge.
Cr	chemisches Zeichen für Chrom.
d_v	Gasdichte, Dichteverhältnis, bezogene Dichte.
DIN	Deutsche Industrie-Norm.
DVGW	Deutscher Verein von Gas- und Wasserfachmännern.
F	Fläche.
F	Fahrenheit (in Verbindung mit Temperaturangaben).
f	Faktor, Reduktionsfaktor.
Fe_3C	chemisches Zeichen für Eisenkarbid.
Fe_2O_3	chemisches Zeichen für Eisenoxyd.
g	Gramm.
H_2	chemisches Zeichen für Wasserstoff.
h	Stunde
H_2O	chemisches Zeichen für Wasser.
H_2O_D	Symbol für Wasserdampf.
H_2S	chemisches Zeichen für Schwefelwasserstoff.
Hu	(unterer) Heizwert.
i	Enthalpie (fühlbarer Wärmeinhalt).
J	Joule (Wattsekunde).
K	Kelvin (in Verbindung mit Temperaturangaben).
k	Konstante, Wärmedurchgangszahl.
kcal	Kilokalorie.
kg	Kilogramm.
kWh	Kilowattstunde.
L	tatsächliche Verbrennungsluftmenge.
L_{min}	theoretische Luftmenge zur vollständigen Verbrennung eines Brennstoffs.
l/h	Liter je Stunde.
m^2	Quadratmeter.
m^3	Kubikmeter.
MgO	chemisches Zeichen für Magnesiumoxyd.
min	Minute.

mkg	Meterkilogramm.		V	Stoffmenge.
mm	Millimeter.		v	Volumen.
N_2	chemisches Zeichen für Stickstoff.		v_0	auf Normbedingungen reduziertes Volumen.
n	Luftzahl, Luftfaktor.		V_{min}	theoretische Rauchgasmenge.
NH_3	chemisches Zeichen für Ammoniak		V_{min}^{f}	feuchte theoretische Rauchgasmenge.
Nm^3	Normkubikmeter.			
O_2	chemisches Zeichen für Sauerstoff.		V_{min}^{tr}	trockene theoretische Rauchgasmenge.
p	Druck.			
PSh	Pferdestärkestunde.		Vw	Verbrennungswärme.
Q	Wärmemenge.		W	Watt.
q	Wärmemenge.		WS	Wassersäule.
Q_n	Nutzwärme.		w_s	Sättigungsdruck von Wasserdampf.
QS	Quecksilbersäule.			
s	Breite (Dicke) einer Wand, Raumgewicht.		WZ	Wobbe-Zahl.
SiO_2	chemisches Zeichen für Siliziumdioxyd (Kieselsäure).		z	Zeit.
SK	Segerkegel.			

Griechische Zeichen:

T^0	absolute Temperatur.		α	Wärmeübergangszahl (Wärmeübertragungszahl).
t^0	Celsius-Temperatur.			
TiO_2	chemisches Zeichen für Titandioxyd.		α_{str}	Strahlungszahl.
t	Tonne.		η	Wirkungsgrad.
Torr	moderne Abkürzung für „Millimeter Quecksilbersäule".		λ	Wärmeleitzahl.
v	Verbrennungstemperatur.		Σ	Summe.

<u>Einteilung der bisher erschienenen Hefte nach Fachgebieten (Fortsetzung)</u>

II. Spangebende Formung (Fortsetzung)   Heft

Innenräumen. 3. Aufl. Von A. Schatz.. 26
Außenräumen. 2. Aufl. Von A. Schatz... 80
Das Schleifen und Polieren der Metalle. 4. Aufl. Von O. Werkmeister................. 5
Spitzenloses Schleifen I — Maschinenaufbau und Arbeitsweise —. Von W. Hofmann 97
Spitzenloses Schleifen II — Zusatzvorrichtungen, Genauigkeits- und Schönheitsschliff —.
    Von W. Hofmann... 107
Läppen. Von H. H. Finkelnburg.. 105
Werkzeugschleifen. Von A. Rottler... 94
Feilen. 2. Aufl. Von B. Buxbaum 46
Das Sägen der Metalle. 2. Aufl. Von J. Hollaender.................................... 40
Die Fräser. 4. Aufl. Von E. Brödner... 22
Das Fräsen. 2. Aufl. Von Dipl.-Ing. H. H. Klein...................................... 88
Die wirtschaftliche Verwendung von Einspindelautomaten. 2.Aufl. Von H.H.Finkelnburg 81
Die wirtschaftlicheVerwendung von Mehrspindelautomaten. 2.Aufl. Von H.H.Finkelnburg 71
Werkzeugeinrichtungen auf Einspindelautomaten. 2. Aufl. Von F. Petzoldt............ 83
Werkzeugeinrichtungen auf Mehrspindelautomaten. Von F. Petzoldt 95
Maschinen und Werkzeuge für die spangebende Holzbearbeitung. 2. Aufl. Von H. Wich-
    mann 78

III. Spanlose Formung

Freiformschmiede I — Grundlagen, Werkstoff der Schmiede, Technologie des Schmie-
    dens —. 4. Aufl. Von F. W. Duesing und A. Stodt................................. 11
Freiformschmiede II — Konstruktion und Ausführung von Schmiedestücken. Schmiede-
    beispiele —. 3. Aufl. Von A. Stodt.. 12
Freiformschmiede III — Einrichtung u. Werkzeuge der Schmiede —. 2.Aufl. Von A.Stodt 56
Gesenkschmieden von Stahl I — Technologische Grundlagen der Gestaltung von Schmie-
    destücken und Schmiedewerkzeugen —. 3. Aufl. Von H. Kaessberg.............. 31
Gesenkschmieden von Stahl II — Die Gestaltung der Schmiedewerkzeuge —. 2. Aufl.
    Von H. Kaessberg.. 58
Das Pressen der Metalle. Von A. Peter.. 41
Die Herstellung roher Schrauben I — Anstauchen der Köpfe —. Von J. Berger........ 39
Stanztechnik I — Schnittechnik —. 3. Aufl. Von E. Krabbe........................... 44
Stanztechnik II — Die Bauteile des Schnittes. —. 2. Aufl. Von E. Krabbe 57
Stanztechnik III — Grundsätze für den Aufbau von Schnittwerkzeugen —. Von E. Krabbe 59
Stanztechnik IV — Formstanzen —. 2. Aufl. Von W. Sellin....................... 60
Die Tiefziehtechnik in der Blechbearbeitung. 4. Aufl. Von W. Sellin (Im Druck)....... 25
Hydraulische Preßanlagen für die Kunstharzverarbeitung. 2. Aufl. Von H. Lindner..... 82

IV. Schweißen, Löten, Gießerei

Die neueren Schweißverfahren. 7. Aufl. Von P. Schimpke............................. 13
Das Lichtbogenschweißen. 4. Aufl. Von E. Klosse.................................... 43
Praktische Regeln für den Elektroschweißer. 3. Aufl. Von R. Hesse................... 74
Widerstandsschweißen. 2. Aufl. Von W. Fahrenbach................................. 73
Das Schweißen der Leichtmetalle. 2. Aufl. Von Th. Ricken........................... 85
Schweißtechnische Berechnungen. Von E. Klosse.................................... 102
Metallspritzen. Von K. Krekeler und K. Steinemer.................................... 93
Das Löten. 4. Aufl. Von R. von Linde 28
Fachkunde für den Modellbau. 2. Aufl. Von E. Kadlec................................ 72
Der Holzmodellbau I — Allgemeines, einfachere Modelle —. 3. Aufl. Von R. Löwer 14
Der Holzmodellbau II — Beispiele von Modellen und Schablonen zum Formen —. 3. Aufl.
    Von R. Löwer... 17
Modell- und Modellplattenherstellung für die Maschinenformerei. 2. Aufl. Von H. Jung 37
Der Gießerei-Schachtofen im Aufbau und Betrieb. 4. Aufl. Von Joh. Mehrtens......... 10
Handformerei. 2. Aufl. Von F. Naumann.. 70
Maschinenformerei. Von U. Lohse †. 2. Aufl. Von H. Allendorf....................... 66
Formsandaufbereitung und Gußputzerei. Von U. Lohse............................... 68

(Fortsetzung 4. Umschlagseite)